El-Hadj Driche

Introdução à microbiologia industrial e à biotecnologia

El-Hadj Driche

Introdução à microbiologia industrial e à biotecnologia

Vol-1: Aplicações Industrail de Archaea, Bactérias, Fungos e Vírus, Meios de Cultura, Biorreator

ScienciaScripts

Cover image: www.ingimage.com

This book is a translation from the original published under ISBN 978-620-8-41819-9.

Publisher:
Sciencia Scripts
is a trademark of
Dodo Books Indian Ocean Ltd. and OmniScriptum S.R.L publishing group

120 High Road, East Finchley, London, N2 9ED, United Kingdom
Str. Armeneasca 28/1, office 1, Chisinau MD-2012, Republic of Moldova, Europe
Managing Directors: Ieva Konstantinova, Victoria Ursu
info@omniscriptum.com

Printed at: see last page
ISBN: 978-620-8-55186-5

Introdução à microbiologia industrial e à
(Volume I)

Editado por

Dr. El-Hadj DRICHE

2024

Índice

Introdução

A microbiologia industrial e a biotecnologia são domínios cada vez mais importantes que retiram vantagens da utilização de microrganismos e da exploração dos seus processos celulares para a criação de novos produtos, processos e tecnologias para diferentes aplicações industriais. Alguns destes domínios multidisciplinares tornaram-se forças transformadoras na sua capacidade de levar as descobertas a áreas de trabalho novas e alargadas, desde a produção de energia e materiais até aos produtos farmacêuticos e à agricultura. As bases teóricas da microbiologia industrial e da biotecnologia baseiam-se nos princípios fundamentais da microbiologia, bioquímica e engenharia. Estas ciências fornecem a base científica para a compreensão da estrutura e do funcionamento dos microrganismos, bem como os princípios da engenharia de bioprocessos que constituem a base para a produção e purificação em grande escala de produtos de base biológica (Javor, 2002a; Verma, 2022).

A microbiologia industrial, embora mais recente, também tem os seus primórdios no início do século XX, é um ramo da microbiologia aplicada. Está relacionada com a exploração comercial de microrganismos naturais ou geneticamente modificados (MGM) e envolve processos e produtos de grande importância económica, ambiental e social em todo o mundo (Vandamme, 2010).

Durante a Segunda Guerra Mundial, o potencial da biotecnologia para a produção à escala industrial foi novamente ilustrado pelo desenvolvimento da produção de penicilina através da fermentação fúngica. Na década de 1970, as melhorias subsequentes na biologia molecular, em particular o desenvolvimento da tecnologia do ADN recombinante, permitiram a modificação genética de microrganismos que, consequentemente, disponibilizaram novas formas de produzir biomoléculas valiosas (Soetaert & Vandamme, 2010).

O campo da biotecnologia industrial foi ainda mais impulsionado pelo advento da genómica nos anos 90, com a sequenciação do genoma humano e de outros organismos. Os micróbios segregam enzimas e outros biocatalisadores e conjuntos totalmente novos de vias metabólicas; a engenharia de novos microrganismos tornou-se possível devido à capacidade de decifrar os projectos genéticos dos micróbios (Otero, & Nielsen, 2010).

A base da microbiologia industrial e da biotecnologia são os domínios tecnológicos fundamentais da biocatálise, da engenharia metabólica, da biologia sintética e do bioprocessamento. Na biocatálise, são utilizados enzimas, micróbios e sistemas celulares completos para a catálise de reacções em condições biocompatíveis, geralmente com maior eficiência, seletividade e sustentabilidade do que os processos químicos tradicionais. Por exemplo, as enzimas podem vir a ser utilizadas como catalisadores muito eficientes e específicos para produzir produtos farmacêuticos, produtos químicos finos e biocombustíveis (Lagarda, 2006; Verma, 2022).

Um domínio da engenharia química é conhecido como engenharia metabólica, que visa a engenharia do metabolismo celular para a conceção racional e a otimização da produção de compostos desejáveis (stephanopoulos, 2012). Nesta abordagem, são identificadas as vias metabólicas para produzir moléculas-alvo e, em seguida, as redes reguladoras na célula são projectadas para aumentar a produção. Em contrapartida, a biologia sintética tem por objetivo criar novos sistemas biológicos de formas que não podem ser alcançadas pela natureza; ou conceber novas biomoléculas com propriedades que o mundo biológico normalmente não possui (Pallavicini e Moody, 2020). A biologia sintética permite o desenvolvimento de uma variedade de produtos baseados na biologia: novas partes biológicas, dispositivos, sistemas e novos microrganismos, através da conceção e construção de novas partes biológicas, dispositivos e sistemas. (Chao et al., 2017).

O bioprocessamento inclui o desenvolvimento de processos de fermentação, processamento a jusante e outras técnicas de engenharia para a produção e purificação em grande escala a nível de produtos de base biológica. Assim, abrange o desenvolvimento e a otimização do bioreactor, a escolha de métodos adequados de separação e purificação e a integração de diferentes operações unitárias para o desenvolvimento de bioprocessos eficientes e económicos. O domínio da microbiologia industrial e da biotecnologia tem ganho muito com as recentes inovações tecnológicas. Desde o desenvolvimento de técnicas de triagem de elevado rendimento e de evolução dirigida, existem métodos eficazes para identificar e otimizar rapidamente novos biocatalisadores com propriedades melhoradas, incluindo maior atividade, estabilidade e especificidade do substrato (Bornscheuer & Kazlauskas, 2004).

No entanto, o futuro da microbiologia industrial e da biotecnologia é muito promissor para contribuir para os desafios globais no domínio da produção sustentável de energia, da recuperação ambiental e do desenvolvimento de materiais e produtos químicos de base biológica. Por outro lado, espera-se que os novos biocatalisadores e vias bioquímicas descobertos e concebidos continuem a acelerar a um ritmo ainda maior devido aos avanços em diferentes áreas do domínio, como a biologia sintética, a edição de genes e a inteligência artificial (Liu, 2020; Xia et al., 2021).

Este livro foi escrito para introduzir os estudantes de microbiologia aos vários aspectos da microbiologia industrial. Três capítulos cobrem os diferentes aspectos da microbiologia industrial: microrganismos de interesse industrial (lembrete da taxonomia microbiana e microrganismos de interesse industrial: Archaea, *Bacteria, Fungi* e vírus), meios de cultura e fermentação industrial (diferentes meios de cultura, bioreactor e sistemas de fermentação industrial.

CAPÍTULO 1 - MICRORGANISMOS DE IMPORTÂNCIA INDUSTRIAL

1-Recordar a taxonomia microbiana

A identificação de microrganismos de interesse industrial é um primeiro passo muito importante para os diferenciar de organismos patogénicos ou toxigénicos relacionados, ou de outros microrganismos prejudiciais para a saúde animal ou humana, ou para o ambiente. A escolha do(s) método(s) utilizado(s) para a identificação microbiana depende do tipo e da natureza do microrganismo. Os métodos escolhidos devem estar em conformidade com os atualmente utilizados no domínio da identificação microbiana e da classificação taxonómica. Devem também permitir que os organismos sejam identificados ao nível do género, da espécie e, se possível, da estirpe (Balouiri et al., 2016; Hossain, 2024).

Têm sido utilizadas várias abordagens para identificar microrganismos, mas a abordagem polifásica é a mais utilizada na taxonomia bacteriana. Esta abordagem integra toda a informação genotípica, fenotípica e filogenética recolhida sobre a célula bacteriana. A informação genotípica é fornecida pelos ácidos nucleicos (ADN e ARN) presentes nas células, enquanto a informação fenotípica é fornecida pelas proteínas e suas funções, por vários marcadores quimiotaxonómicos e por vários outros caracteres expressos. A informação filogenética, por outro lado, é fornecida por uma filogenética arábica baseada na comparação de sequências de ácidos nucleicos (ADN, ARN) de taxa de diferentes níveis taxonómicos com semelhanças próximas (Driche et al., 2024a, b)

O sistema de classificação dos organismos mais aceite baseia-se na análise filogenética dos genes moleculares, nomeadamente nos procariotas ou eucariotas (fungos e algas). Estas moléculas devem estar presentes em todo o lado com a mesma função, ser altamente conservadas (para dar a origem ou a raiz, apresentadas pelos nós nas árvores filogenéticas) e acumular mutações (variações de sequência para dar a diferença) ao longo do tempo, o que permite estabelecer a filogenia entre organismos distantemente relacionados. As análises filogenéticas das sequências de RNA ribossómico 16S (16S, 18S rRNA) dividiram os organismos em três domínios: *Bacteria, Archaea* e *Eucarya* (Figura 1)(Barka et al., 2016; Komaki et al., 2018)

Os microrganismos utilizados em microbiologia industrial encontram-se principalmente nos grupos bacterianos e eucarióticos, com muito poucas archaea (figura 01).

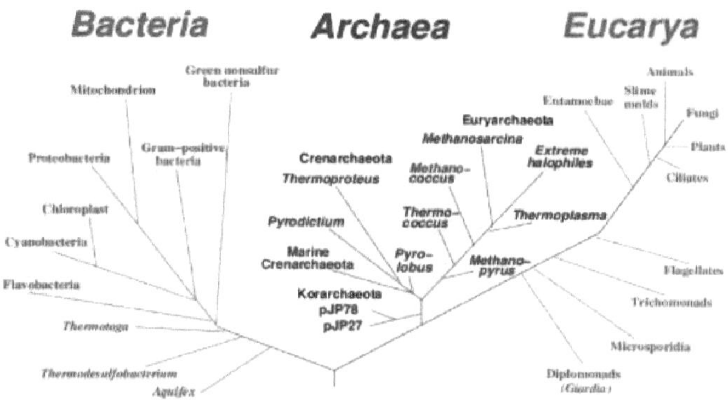

Figura 1: A árvore filogenética baseada na sequenciação do ADN 16S mostra as relações filogenéticas entre três domínios de organismos (Jurgens, 2002).

2 -Microrganismos de importância industrial

2.1. Arqueia

As Archaea (anteriormente conhecidas como arqueobactérias) são microrganismos procarióticos unicelulares, classificados na família *Archaea*. Diferem muito das eubactérias em várias formas morfológicas e podem ser tanto Gram-positivas como Gram-negativas. Possuem certas caraterísticas, aspectos da transcrição e tradução associados à síntese proteica, que se assemelham às células eucarióticas e não às das bactérias, tal como a presença de histonas no material genético das archaea as aproxima dos eucariotas e as distingue das bactérias (Archaea, 2009).

A maior parte das arqueas vive em ambientes extremamente quentes, ácidos ou alcalinos e possui quatro tipos fisiológicos: halófilos (adaptados a concentrações elevadas de sal de 10%, 20% e mais de 20%), metanogénicos (produtores de metano) e termófilos (adaptados a temperaturas elevadas), e alguns deles são também barófilos (adaptados a pressões elevadas) (Egorova e Antranikian, 2005).

De um ponto de vista taxonómico, o domínio *Archaea* compreende quatro classes: *Crenarchaeota* (inclui *Sulfolobus* e outros organismos que crescem em habitats extremamente quentes ou frios), *Euryarchaeota* (inclui produtores de metano e halófilos extremos), *Korarchaeota* (são encontrados principalmente em amostras de fontes termais, por exemplo, *Aquificales*), *Nanoarchaeota* (hipertermófilos)(Chun e Rainey, 2014).

Embora poucas archaea sejam atualmente utilizadas para fins industriais, possuem muitas propriedades interessantes que poderão ser exploradas para várias utilizações biotecnológicas no futuro.

2.1.1-Aplicações industriais

2.1.1.1-Tratamento de águas residuais salinas com *Archaeobacteria*

As Archaea são um domínio distinto da vida, consistindo em microrganismos que se desenvolvem em condições extremas, incluindo elevada salinidade. Podem desenvolver diferentes mecanismos para lidar com o stress osmótico e as elevadas concentrações de sal, a acumulação de solutos compatíveis, a utilização de estruturas de membrana especializadas, bem como a expressão de enzimas halotolerantes (Oren, 2008). O tratamento de águas residuais salinas pode ser melhorado com a utilização de archaea, um grupo especializado de microrganismos que estão adaptados a ambientes de elevada salinidade. Em comparação com as comunidades microbianas convencionais, as arqueas têm capacidades metabólicas únicas que as tornam mais eficazes no tratamento de águas residuais salinas (Pecorari et al., 2015a). A aplicação de arqueobactérias no tratamento de águas residuais salinas poderia melhorar a eficiência de remoção de CQO desse processo. Verificou-se que demonstram um desempenho superior ao das comunidades bacterianas nativas na degradação da matéria orgânica em ambientes salinos (Moussa et al., 2006, Cui et al., 2015). Alguns exemplos são as archaea halofílicas, por exemplo, membros da ordem *Halobacteriales*, que têm sido utilizadas com sucesso para o tratamento de águas residuais de elevada salinidade, como as provenientes de curtumes, fábricas têxteis e instalações petroquímicas (Oren, 2002). Através da degradação eficaz de todos os tipos de compostos orgânicos, tais como lípidos, proteínas e hidratos de carbono complexos, estas arqueobactérias podem aumentar a redução global da CQO nas águas residuais salinas. Está demonstrado que a integração de processos de tratamento baseados em bactérias, como a digestão anaeróbia ou os bioreactores aeróbios, melhora a eficiência e a estabilidade do sistema na presença de alterações nos níveis de salinidade (Vyrides & Stuckey, 2009; Lefebvre & Moletta, 2006). Além disso, *as arqueobactérias* também podem suportar uma salinidade elevada, o que pode aliviar uma grande parte do pré-tratamento ou da diluição necessária das águas residuais, tornando assim o processo global de tratamento mais simples.

Os investigadores exploraram várias estratégias para utilizar eficazmente as arqueobactérias no tratamento de águas residuais salinas, desde o isolamento e caraterização de estirpes de arqueas halofílicas até à otimização das condições do bioreactor e ao desenvolvimento de configurações do bioreactor que combinam as arqueobactérias com outras tecnologias de tratamento (tabela 1) (Oren, 2008; Cui et al., 2015). As capacidades únicas das arqueobactérias podem ser exploradas para melhorar o tratamento de águas residuais salinas de uma forma mais eficiente, sustentável e económica, consistente com os esforços mais amplos para resolver os problemas associados a fluxos de resíduos de elevada salinidade.

Tabela 1: Algumas das principais espécies ou géneros de arqueobactérias utilizadas no tratamento de águas residuais salinas:

Archaeobacteria Espécies/Géneros	**Caraterísticas**	**Aplicações no tratamento de águas residuais salinas**
Halobactérias (Oren, A. 2002)	-Archaea halofílica adaptada a ambientes de elevada salinidade - Capaz de degradar uma vasta gama de compostos orgânicos	Eficaz na biodegradação de matéria orgânica em águas residuais salinas - Melhorar a remoção de CQO em águas residuais de elevada salinidade de indústrias como curtumes, têxteis e petroquímicas
Methanosarcinales (Lefebvre & Moletta 2006). (Vyrides & Stuckey, 2009)	Archaea produtora de metano - Tolerante à salinidade elevada	Utilizado na digestão anaeróbia de águas residuais salinas para gerar biogás - Melhorar a estabilidade e a eficiência dos processos de tratamento anaeróbio em condições salinas
Haloferax (Oren, 2008).	Archaea extremamente halofílica - Capaz de crescer em concentrações de NaCl até 5 M	Eficaz na degradação de compostos orgânicos em águas residuais hipersalinas - Pode ser utilizado em bioreactores de elevada salinidade para tratamento de águas residuais
Natronococcus (Oren, 2008).	Arquéias alcalifílicas e halofílicas - Prospera em ambientes com pH e salinidade elevados	-Adequado para o tratamento de águas residuais alcalinas e salinas - Demonstrar uma elevada remoção de CQO e atividade microbiana nestas condições
Halorubrum (Oren, 2008).	Archaea halofílicas isoladas de ambientes hipersalinos - Pode crescer em concentrações de NaCl até 30%	Potencial para o tratamento de águas residuais industriais ou agrícolas altamente salinas - Capaz de degradar uma variedade de poluentes orgânicos em condições salinas
Haloarcula (Oren, 2008; Cui et al., 2015)	- Archaea extremamente halofílica - Tolerante a amplas gamas de salinidade e temperatura	- Eficiência na biodegradação de matéria orgânica em fluxos de águas residuais salinas - Pode ser utilizado em bioreactores concebidos para o tratamento de águas residuais com elevada salinidade

2.1.1.2-Tratamento de efluentes industriais contendo corantes sintéticos

Os corantes sintéticos, como o trifenilmetano, o nitro, o nitroso, a ftaleína, o polieno, a triarilmetina e a antraquinona, são amplamente utilizados nos têxteis, na impressão de papel, nos géneros alimentícios, no couro, nos produtos farmacêuticos e em muitas outras indústrias (Firoozeh et al., 2022). São frequentemente encontrados em efluentes industriais descarregados no ambiente. São tóxicos e têm efeitos carcinogénicos nos sistemas vivos. Os corantes sintéticos são frequentemente difíceis de remover pelos métodos convencionais de tratamento de águas residuais, o que leva a abordagens alternativas. Recentemente, uma solução promissora que tem vindo a ganhar atenção é a utilização de archaea, um grupo especializado de microrganismos que são geneticamente e antigenicamente idênticos aos vírus, adaptados para sobreviver em ambientes adversos (Moyo et al., 2022).

As arqueias são um domínio independente da vida, único no seu potencial metabólico especial que não se encontra em nenhum tipo de bactéria convencional. Estes microrganismos desenvolveram formas de sobrevivência e foram capazes de atuar em condições adversas, como alta salinidade, pH extremo e compostos tóxicos (Sinha e Kari, 2019). Esta flexibilidade torna as águas residuais industriais que contêm corantes sintéticos muito boas para tratar por meio de eletrodiálise num sistema acoplado a uma unidade de separação por membrana (MSU).

A capacidade de diferentes espécies e géneros de archaea para degradar e descolorir corantes sintéticos foi demonstrada recentemente através de estudos. Por exemplo, as arquéias halofílicas associadas *a Halobacteriales*, particularmente das indústrias têxteis e de couro, também confirmaram o tratamento eficaz de águas residuais contendo corantes (Adebajo et al., 2017; Bera e Tank, 2021). Podem utilizar os corantes como carbono e fonte de energia, decompor moléculas orgânicas complexas e retirar os corantes dos resíduos.

Os métodos físicos e químicos, como a floculação, a filtração por membrana, a oxidação e a adsorção, etc., são muito dispendiosos e demoram muito tempo a ser removidos do ambiente. Algumas arqueobactérias halófilas demonstraram ser capazes de degradar corantes sintéticos (quadro 2). A estirpe *Halomonas* sp. IP8, isolada de efluentes têxteis, demonstrou descolorir certos corantes têxteis com um crescimento ótimo em NaCl a concentrações de 1-20% (p/v) e a uma temperatura óptima de 35°C.

Quadro 2: espécies dos géneros/ordens *de Archaea* utilizadas no tratamento de efluentes industriais contendo corantes sintéticos (Veeramani et al., 2020; Malik e Furtado, 2018; Carr e Buan, 2022)

Estirpes/Espécies *de Arqueobactérias*	**Caraterísticas**	**Aplicações no tratamento de efluentes industriais com corantes**
Halobacterium salinarum	Arqueia halófila - Capaz de descolorir e degradar os corantes têxteis	Eficaz na descoloração e degradação de corantes têxteis
Halorubrum saccharovorum *Haloarcula marismortui* *(Halobacteriales)*	Arqueia halófila Capaz de degradar uma variedade de poluentes orgânicos, incluindo corantes	Potencial para o tratamento de efluentes industriais altamente salinos contaminados com corantes sintéticos
Methanosarcina spp.	Archaea produtora de metano - Capaz de degradar corantes sintéticos em condições anaeróbicas	Utilizado em sistemas de tratamento anaeróbio para a degradação de corantes associada à produção de metano

2.1.1.3 Tratamento de águas residuais e produção de biogás

Ao longo dos anos, o aumento do volume de águas residuais industriais tornou-se um problema preocupante a nível mundial e, por isso, a perspetiva das arqueias suscitou interesse. Alguns dos estudos actuais têm vindo a revelar os benefícios específicos da utilização de arqueias em técnicas de tratamento de águas residuais. Estes microrganismos especializados têm tolerância a factores ambientais desfavoráveis, incluindo salinidade, pH alcalino e substâncias tóxicas, o que os ajuda no tratamento de resíduos industriais aos quais tais caraterísticas estão geralmente associadas. (Sinha & Kari, 2019). Algumas das bactérias identificadas da ordem *Halobacteriales* foram consideradas mais eficazes na descoloração de corantes utilizados nas indústrias têxtil e do couro (Parshetti et al. 2014; Veeramani et al. 2020). Estas archaea podem utilizar pigmentos como fonte de carbono e energia, metabolizar compostos orgânicos intactos e produzir águas residuais descoloridas e eficientes.

Além disso, algumas das archaea *Methanosarcinales* foram recentemente consideradas para o tratamento de resíduos industriais, que contêm pigmentos e outros compostos sob digestão anaeróbia. Estes processos acoplados de decomposição de pigmentos com metano geração não são apenas despolutivos, mas também produzem biocombustíveis úteis que podem ser aplicados na criação de energia (Cui et al., 2021; Mahmoud et al., 2022).

Além disso, as archaea metanogenéticas, incluindo a ordem *Methanosarcinales*, provaram ser potenciais candidatas à degradação de efluentes industriais contendo corantes em condições anaeróbicas. Esses processos baseados em arqueobactérias não apenas purificam a água, desmetilam os corantes, mas também produzem metano, que é um biocombustível que pode suprir as necessidades de energia (Cui et al., 2021; Mahmoud et al., 2022). Para além da remoção de corantes, existem amplas provas de que as arqueobactérias podem ser úteis num sentido mais geral no que diz respeito à utilização de águas residuais. Foi provado que algumas *arqueobactérias extremófilas*, por exemplo, *Haloferax, Natronococcus* e *Halorubrum*, com elevada capacidade de resistência, tratam eficazmente vários efluentes industriais com elevada salinidade, elevada alcalinidade ou contendo metais pesados (Çetin et al., 2018; Sinha & Khare, 2019). As arqueobactérias podem ser mais eficientes do que as populações bacterianas convencionais no que respeita ao desempenho do tratamento, à estabilidade do sistema e à resistência às alterações das condições ambientais. Além disso, o facto de estas arqueobactérias serem extremófilas com elevada salinidade, alcalinidade devido à sua capacidade de crescer bem em condições severas, reduz ainda mais os problemas que podem ser encontrados no pré-tratamento, garantindo assim o desenvolvimento de novos métodos de tratamento eficientes e baratos (Lefebvre & Moletta, 2006). Estudos recentes destacaram as vantagens distintas da utilização de archaea em processos de tratamento de águas residuais (Sinha e Kari, 2019)

Além disso, *as arqueobactérias metanogénicas* são essenciais no tratamento de águas residuais, graças à sua capacidade de efetuar a digestão anaeróbia e produzir biogás (metano). Dividem-se em quatro classes do Euryarchaeotaphylum: *Methanobacteria, Methanococci, Methanomicrobia, Methanopyri*, que se encontram em todos os biótopos anaeróbios (pântanos, intestinos de animais, fontes hidrotermais terrestres e submarinas), utilizando dióxido de carbono ou outros compostos orgânicos simples, bem como hidrogénio, para produzir metano, um processo conhecido como metanogénicas. São termófilos, atingindo temperaturas de até 100°C (psicrófilos) ou 110°C (hipertermófilos da ordem *Methanopyrales*) (Cui et al., 2021; Mahmoud et al., 2022).

2.1.1.5 -Fonte de moléculas bioactivas

As archaea podem também ser utilizadas nas indústrias farmacêutica e médica. Produzem antibióticos com uma atividade antimicrobiana interessante. Entre estes antibióticos encontram-se as halocinas produzidas por halobactérias (*Halobacteria*), como a halocina S8 (contém 36 aminoácidos) (Shand & Leyva, 2008), e as sulfolobicinas produzidas por *Sulfolobus,* que são compostos peptídicos extremamente resistentes ao sal, a temperaturas extremas e a solventes orgânicos de longa duração (Dellas & Bonner, 2012). Estes dois antibióticos são importantes porque a sua estrutura é diferente da dos antibióticos bacterianos, pelo que podem ter novos modos de ação. Além disso, podem permitir a criação de novos marcadores selecionáveis para utilização na biologia molecular das arqueas. As sulfolobicinas são compostos à base de péptidos que são extraordinariamente resistentes a uma força iónica elevada, à temperatura e à exposição a solventes orgânicos. Esta estrutura química e a estabilidade das sulfolobicinas colocam-nas em grande procura para aplicações farmacêuticas e biomédicas (Prangishvili et al., 2000).

2.1.1.6- Fonte de novos marcadores genéticos para a biotecnologia

As arqueas são alvos ideais para o desenvolvimento de novos marcadores genéticos devido às suas propriedades e capacidades metabólicas únicas. Devido às caraterísticas únicas das arqueas e das suas contrapartes bacterianas, existe a oportunidade de desenvolver novos marcadores selecionáveis. Os marcadores moleculares genéticos das arqueas têm-se revelado promissores no domínio da investigação em biologia molecular. As arqueas, em geral, produzem compostos antimicrobianos altamente activos, denominados arqueocinas ou halocinas, contra outras espécies arqueas (Shand & Leyva 2008). São propostos compostos antimicrobianos como marcadores selecionáveis na engenharia genética das arqueas, incluindo a halocina S8 produzida por halobactérias. A estrutura única e o modo de ação mecanicista dos antibióticos das arqueas (Pecorari et al., 2015a), geralmente distintos dos modos de ação primários das suas contrapartes bacterianas, permitem a conceção de novos marcadores selecionáveis que podem ser explorados em sistemas de transformação e sistemas de expressão de arqueas. Isto é especialmente importante, uma vez que o marcador bacteriano clássico para resistência a antibióticos pode ser inadequado ou ineficiente em hospedeiros arqueanos. Além disso, as arqueias produzem uma série de enzimas especializadas que podem servir de base para novos marcadores genéticos.

-Os lípidos da membrana arqueal podem ser utilizados como um novo sistema de administração de fármacos, uma vez que são quimicamente estáveis. Componentes como a glicoproteína da camada S e a bacterioopsina são de grande interesse pelo seu potencial nanotecnológico, uma vez que se auto-montam de forma arqueada.

-Os polissacáridos (betaínas) e os polímeros (ectoínas) segregados por arqueas halófilas como a *Halomonas elongate* podem ser utilizados, respetivamente, na exploração de petróleo e como matéria-prima para plásticos biodegradáveis ou lípidos tolerantes ao sal.

-As enzimas Archaea são muito úteis na biotecnologia e representam o principal interesse industrial (Quadro 03). Devido à sua capacidade de funcionar a altas temperaturas, as enzimas *das Archaea* extremófilas podem ser utilizadas numa variedade de actividades biotecnológicas. Dentre essas enzimas, as extremozimas de archaea hipertermófilas pertencentes aos gêneros *Pyrococcus* e *Thermococcus* são as mais estudadas e utilizadas, pois esses dois últimos gêneros são capazes de crescer na ausência de enxofre, ao contrário dos outros gêneros de archaea hipertermófilas que só se desenvolvem na presença de enxofre, utilizando-o como fonte de energia (Eichler, 2001; Littlechild, 2015).

Tabela 03: Algumas enzimas produzidas por archaea e seu biotecnológico (Eichler, 2001; Littlechild, 2015; Pecorari et al., 2015b)

Espécies	**Enzimas**	**Aplicações**
Thermofilum, P. *Thermococcus* sp. 21S	*Xilanase termoestável*	Branqueamento de papel
Desulfurococcus sp.Tok12 *Pyrococcus furiosus*	*Proteger a serina* (arquelisina)	Indústria de detergentes Indústria dos lacticínios
Thermus aquaticus	*-Taq*	
Desulfurolobus ambivalens	DNA ligase	Biologia molecular
-Thermoplasma acidophilum	-Pirofosfato	Clonagem
-T. stetteri , S. solfataricus	*-Alcool*	Sequenciação de ADN
S. acidocaldarius		Produção de álcoois e agro-combustíveis.
Thermococcus	-Citinases	
Halorubrum	-Glicanases B	-Detergentes e produtos de limpeza
	-Pectinases	Biopesticidas, tratamento de resíduos quitinosos;
Acidilobus saccharovorans	-Glicosidase	
Pyrococcus furiosus	-Hidrogénase I solúvel	Hidrolisação de polímeros, indústria do papel
Pyrococcus	-Amilases, galactosidases e pululanases	Transformação de sumos de fruta.
Acidilobus saccharovorans	-Glicosidase	-Tratamento in vitro da biomassa lignocelulósica para a produção de hidrogénio.
Pyrococcus furiosus	-Hidrogénase I solúvel	-Tratamento in vitro da biomassa lignocelulósica para a produção de hidrogénio.
Pyrococcus	-Amilases, galactosidases e pululanases	-Processamento de alimentos a alta temperatura para produzir leite e soro de leite com baixo teor de lactose

2. 2.- Bactérias

As bactérias ocupam um lugar muito importante entre os microrganismos na indústria. Estão classificadas num único grupo, altamente diversificado, conhecido como "o domínio *Eubacteria*". Este está dividido em 12 subgrupos (filos). No entanto, quase todas as bactérias de interesse industrial são encontradas apenas nas proteobactérias (Gram-negativas), firmicutes e actinobactérias (Gram-positivas).

2.2.1 Bactérias Gram-negativas de interesse industrial

As bactérias Gram-negativas são muito diversas, mas algumas das proteobactérias e cianobactérias são de importância industrial.

2.2.1.1 Proteobactérias

As proteobactérias são um grupo importante de bactérias Gram-negativas. Estão divididas em cinco classes: α-, β-, γ-, δ- e ε. Estes grupos de micróbios são aplicados comercialmente em vários domínios, como o médico, industrial, veterinário e agrícola. Certos géneros e espécies pertencentes às classes alfa e gama-proteobactérias revelaram-se de grande interesse nos domínios agronómico, biotecnológico e farmacêutico (Estevinho et al., 2020).

2.2.1.1.1 Gamma (γ)-*Proteobacteria*

A classe das Proteobactérias gama (γ) surgiu como um ator importante dentro do diverso Filo das *Proteobactérias,* e alargou o seu papel a muitas aplicações industriais e biotecnológicas. Os membros deste grupo de bactérias Gram-negativas são conhecidos pela sua versatilidade metabólica, adaptabilidade a diversos ambientes e capacidade de produzir uma grande diversidade de compostos e enzimas úteis (Coenye & Vandamme, 2003). Na microbiologia industrial, as *γ-Proteobactérias* são uma das principais áreas de aplicação, com diversas aplicações que vão desde biorreactores de membrana à produção de proteínas. Escherichia, e Klebsiella e Pseudomonas e Acinetobacter, há muito que são estudadas ou utilizadas como organismos modelo para muitos processos industriais (Kiełbasa et al., 2022).

2.2.1.1.1.1.1.- *Escherichia coli*

A Escherichia coli, um membro bem conhecido da classe das gamma-proteobactérias, tem sido uma pedra angular no domínio da microbiologia industrial e da biotecnologia. Tornou-se um organismo versátil e bem caracterizado que é utilizado para várias aplicações diferentes:

a-Produção de proteínas recombinantes

Entre os factores mais importantes para os quais *a E. coli* se tornou indispensável está a produção de proteínas recombinantes. A sua genética é bem compreendida, a sua cinética de crescimento é rápida e as ferramentas de engenharia genética estão estabelecidas, tornando *a E. coli* um hospedeiro preferido para a expressão de uma grande variedade de proteínas heterólogas, como enzimas, anticorpos e produtos biofarmacêuticos ((Pontrelli et al., 2018; Yang et al., 2021). Utilizando as capacidades metabólicas e a tractabilidade genética da *E. coli*, os investigadores geraram estirpes capazes de produzir elevados rendimentos de proteínas-alvo utilizando um promotor induzível ou optimizando as condições de cultura. Isto tornou possível a produção em grande escala de biomoléculas importantes do ponto de vista médico e industrial, contribuindo para o desenvolvimento nos domínios farmacêutico, dos cuidados de saúde e da biotecnologia (Atroshenko et al., 2024).

Um exemplo é a engenharia da *E. coli* para produzir biocombustíveis avançados, incluindo biodiesel e bioetanol, através da manipulação de vias metabólicas e da introdução de enzimas heterólogas. Do mesmo modo, a bactéria tem sido utilizada como plataforma de produção química de ácidos orgânicos, aminoácidos, compostos aromáticos e outros produtos químicos com aplicações industriais variadas (Cao et al., 2016; Xu et al., 2013).

b-Aplicações ambientais e bioremediação

Para além das suas utilizações industriais e biotecnológicas, *a E. coli* é também utilizada na recuperação ambiental. Muitas estirpes de *E. coli* demonstraram ser capazes de degradar uma variedade de poluentes, tais como hidrocarbonetos aromáticos, metais pesados e pesticidas (Kang et al., 2012; Kersters et al., 2006). Consequentemente, a capacidade da *E. coli* para efetuar a bioremediação levou à sua utilização em esforços de limpeza de solos contaminados e de massas de água. Por último, a tractibilidade genética e o comportamento de *E. coli* com uma fisiologia bem compreendida tornaram-na um organismo modelo para o estudo das interações microbianas, da dinâmica das populações e das respostas ao stress que podem fornecer informações sobre os processos ambientais e informar o desenvolvimento da bioremediação . A grande versatilidade e adaptabilidade da *Escherichia coli* fazem dela um elemento essencial para a microbiologia industrial e a biotecnologia. No entanto, à medida que a investigação e os avanços tecnológicos progridem, esta notável gama-proteobactéria continuará a ser aplicada em novas e alargadas indústrias e no desenvolvimento de sectores (Atroshenko et al., 2024; Estevinho et al., 2020).

2.2.1.1.1.2.- *Pseudomonas*

O género *Pseudomonas* tornou-se um líder em microbiologia industrial e biotecnologia. As Pseudomonas são conhecidas pela sua versatilidade metabólica, adaptabilidade a diversas condições ambientais e pela produção de uma série de compostos valiosos, tendo emergido como um ator cada vez mais importante em muitas aplicações industriais e ambientais:

a-Aplicações ambientais, bioremediação

A capacidade de *Pseudomonas* para degradar uma vasta gama de compostos xenobióticos e recalcitrantes é uma das suas caraterísticas notáveis e é muito promissora para os esforços de bioremediação. Várias estirpes *de Pseudomonas* foram investigadas e concebidas para degradar uma variedade de poluentes, incluindo hidrocarbonetos aromáticos, solventes clorados e pesticidas (Jose et al., 2022). *As Pseudomonas* têm uma versatilidade catabólica extrema, associada à sua capacidade de adaptação a várias condições ambientais, o que sugere um potencial para a utilização de *Pseudomonas* em aplicações de limpeza de solos, sedimentos e águas subterrâneas. As bactérias podem converter ou mineralizar compostos perigosos de forma eficiente para reduzir o impacto ambiental e, assim, restaurar o equilíbrio ecológico (El et al., 2015a; Poblete-Castro et al., 2020).

b-Produção de bioplásticos e biopolímeros

A Pseudomonas tornou-se famosa na biotecnologia industrial pela sua capacidade de produzir diferentes biopolímeros e bioplásticos, como os polihidroxialcanoatos (PHA), que é uma alternativa biodegradável e ecológica bem conhecida aos plásticos convencionais à base de petróleo (Kag et al., 2024; Singh e Parma, 2011). As vias metabólicas e os mecanismos reguladores únicos das espécies de *Pseudomonas*, incluindo *a Pseudomonas putida*, têm sido extensivamente projectados para melhorar ainda mais a síntese de PHA. Este facto, juntamente com a capacidade da *Pseudomonas* para tolerar e utilizar uma vasta gama de fontes de carbono (incluindo fluxos de resíduos industriais), aumenta consideravelmente a sua atratividade como plataforma para o fabrico de bioplásticos. A produção de biopolímeros para além dos PHAs tem sido explorada em *Pseudomonas* para alginato, goma xantana e ramnolípidos, cada um dos quais tem diferentes aplicações nas indústrias alimentar, farmacêutica e cosmética (Kag et al., 2024; Poblete-Castro et al., 2020).

Produção de c-Biosurfactantes

Sabe-se que as espécies de *Pseudomonas* sintetizam biossurfactantes, moléculas activas de superfície que são potencialmente importantes em muitas aplicações industriais. Devido à sua biodegradabilidade, ao seu carácter ecológico e, de facto, ao seu potencial para substituir os sintéticos, estes tensioactivos de origem microbiana têm um potencial imenso (El et al., 2015b). Além disso, certas estirpes *de Pseudomonas* podem produzir vários biossurfactantes diferentes, incluindo ramnolípido, lipopeptídeo e glicolípido. Estes compostos são versáteis e possuem propriedades activas de superfície que têm sido importantes para a indústria: recuperação de petróleo, remediação ambiental, cuidados pessoais (D'aes et al., 2010; Singh e Parma, 2011). Devido à sua versatilidade e adaptabilidade, *as Pseudomonas* ganharam um lugar central no panorama internacional da microbiologia industrial e da biotecnologia. Com a investigação em curso e as melhorias tecnológicas, espera-se que esta notável gama-proteobactéria seja aplicada a processos industriais ainda mais sustentáveis e ecológicos (Verma, 2022)

As espécies produtoras de pigmentos fluorescentes (pioverdinas) do género *Pseudomonas* demonstraram ser capazes de degradar compostos tóxicos como a cânfora, o tolueno (um hidrocarboneto aromático, utilizado como reagente ou solvente para dissolver uma vasta gama de óleos, gorduras ou resinas) e o octano (um hidrocarboneto saturado da família dos alcanos), bem como certas substâncias artificiais como os compostos aromáticos halogenados. As estirpes fluorescentes são, por conseguinte, muito úteis na indústria e podem ser utilizadas para remediar locais contaminados com níveis elevados de compostos orgânicos tóxicos (Javor, 2002b).

Além disso, as lipases de *Pseudomonas alcaligenes* e *Pseudomonas mendocina* foram utilizadas para a interesterificação dos óleos de palma e de palmiste, ou para a mistura dos dois para facilitar a sua utilização. A manteiga de cacau é uma matéria-prima importante para o fabrico de chocolate e para as indústrias de confeitaria conexas. A sua consistência e qualidades, derivadas da composição dos seus ácidos gordos e triglicéridos, são muito procuradas pelos consumidores. A produção de manteiga de cacau à base de triglicéridos por interesterificação enzimática (uma reação catalítica que forma triglicéridos a partir de ácidos gordos de óleos) é saudável e tem um preço razoável (Chandra et al., 2020; Poblete-Castro et al., 2020).

2.2.1.1.1.3- *Xanthomonas campestris*

O género *Xanthomonas* tornou-se um agente extremamente útil e versátil na microbiologia industrial e na biotecnologia. Embora seja frequentemente referido pela sua capacidade de promover a patogenicidade das plantas, algumas espécies de *Xanthomonas* são exploradas pelas suas capacidades metabólicas especiais e pelo fabrico de compostos industrialmente desejados (Liyanapathiranage et al., 2022).

Produção de goma a-Xantana

A Xanthomonas é uma das principais utilizações no domínio industrial, produzindo o biopolímero comercialmente importante, a goma xantana. A goma xantana é um polissacárido de elevado peso molecular, solúvel em água e preparado por várias espécies de *Xanthomonas* com propriedades reológicas excepcionais (Palaniraj & Jayaraman, 2011). A goma xantana é utilizada nas indústrias alimentar e cosmética, farmacêutica e de recuperação de petróleo como espessante, estabilizador e emulsionante. O facto de a goma xantana poder ser fabricada em grande escala através de processos de fermentação de *Xanthomonas* (Kumar et al., 2018) .tem contribuído significativamente para o sucesso comercial e a utilização generalizada deste biopolímero versátil

b-Aplicações ambientais

Para além da produção de biopolímeros, *as Xanthomonas* têm atraído interesse em aplicações de remediação ambiental e biorremediação. Foi demonstrado que algumas espécies de *Xanthomonas* degradam diversos compostos recalcitrantes e tóxicos, como hidrocarbonetos aromáticos, pesticidas e metais pesados (Kumar et al., 2018; Tripathi et al., 2024). Além disso, a versatilidade metabólica e a adaptabilidade *das Xanthomonas* tornaram possível a utilização da bactéria na limpeza de solos, sedimentos e massas de água contaminados. Estas bactérias podem trabalhar tanto para transformar (e por vezes mineralizar) contaminantes perigosos, como para devolver o equilíbrio e reduzir os danos ao ambiente (Ahmad, 2020).

A X. campestris é uma espécie da família *Xanthomonadaceae*. É responsável por várias doenças das plantas. É utilizada na produção comercial de um polissacárido de elevado peso molecular, a goma xantana, que é um agente eficaz de viscosidade da água e tem muitas utilizações importantes, nomeadamente na indústria alimentar (como aditivo alimentar sob o código E415), bem como na recuperação melhorada de petróleo. A xantana, excretada por vários microrganismos do solo (nomeadamente bactérias), desempenha um papel importante na formação e conservação do solo, tal como o dextrano, o ramsano e os succinoglicanos (Af'idzatuttama et al., 2023; Nuñez et al., 2018).

2.2.1.1.2 Alfa(α)-proteobactérias de interesse industrial

Esta classe é altamente diversificada e contém muito poucos géneros e espécies de importância industrial, sendo os mais importantes os géneros *Acetobacter* e *Gluconobacter*, bem como outros géneros como *Rhizobium* e *Agrobacterium* (El-Sayed e Ghanem, 2009; Melnichuk et al., 2020)

2.2.1.1.2.1.-Bactérias acéticas

As bactérias acéticas são utilizadas para produzir ácido acético. Constituem a família *das Acetobacteraceae*, que inclui formas bacilares flageladas e quimioorganotróficas, cujo metabolismo aeróbio produz uma fermentação acética redox. Estas bactérias dividem-se em cerca de dez géneros, dos quais os dois mais importantes são *Acinetobacter* e *Gluconobacter*. Várias espécies destes géneros, tais como *Acetobacter aceti, A. cerevisiae*, *A. malorum, A. œni, A. pasteurianus, A. tropicalis*, etc.; *Gluconoacetobacter entanii*, *Glu. hansenii, Glu. liquefaciens*, *Glu. oboedien*, etc., são também utilizadas na vinificação e para produzir acetato de etilo por esterificação a partir de ácido acético e etanol (Qiu et al., 2021). As bactérias do ácido acético (AAB) são um grupo de microrganismos extremamente versátil e indispensável. Foi demonstrado que as AAB são membros da classe das proteobactérias alfa (α) e são conhecidas por serem importantes na produção de vários compostos valiosos, bem como nas várias aplicações industriais (Tabela 04):

Quadro 04: Realce das principais propriedades dos géneros *Acetobacter* e *Gluconobacter*

(Gomes et al., 2018; Raspor e Goranovič, 2008).

Imóveis	***Acetobacter***	***Gluconobactérias***
Necessidade de oxigénio	Aeróbios Obrigatórios	Aeróbios Obrigatórios
Oxidação do etanol	Oxidação completa em ácido acético	Oxidação incompleta em acetaldeído
Oxidação do acetato	Oxidação completa em dióxido de carbono	Oxidação incompleta em glicerol ou di-hidroxiacetona
Crescimento com etanol	Crescimento rápido	Crescimento mais lento
pH ácido (5,0) ou inferior.	Crescimento	Crescimento
Produção de celulose	Algumas espécies podem produzir celulose bacteriana	Maior capacidade de produção de celulose
Ubiquidade	Encontrado em vários ambientes, incluindo alimentos fermentados	Principalmente encontrado em ambientes associados a plantas
Versatilidade metabólica	Mais versátil no seu metabolismo	Relativamente menos versátil do ponto de vista metabólico

Produção de ácido a-acético

A produção de ácido acético a partir de AAB é uma das principais e bem estabelecidas utilizações do AAB. As espécies de *Acetobacter* e *Gluconacetobacter* com essa capacidade são espécies de AAB bem conhecidas devido ao facto de poderem oxidar o etanol em ácido acético com as suas vias metabólicas especializadas. A aplicação de processos de fermentação AAB e a produção de ácido acético em larga escala e económica tornaram o ácido acético um elemento básico da indústria química como precursor da síntese de uma grande variedade de produtos, incluindo solventes, plásticos e produtos farmacêuticos (Gomes et al., 2018; Raspor e Goranovič, 2008).

b)- Produção de celulose

O AAB também tem a capacidade de produzir a celulose bacteriana de alto valor, um biopolímero com propriedades únicas. Em particular, as espécies de *Gluconacetobacter* têm sido estudadas em grande medida e aplicadas extensivamente à produção industrialmente relevante de celulose microbiana (Gomes et al, 2020; Choi et al, 2021).

Esta revisão abrangente resume as propriedades da celulose bacteriana e demonstra suas vantagens inerentes em termos de alta pureza, alto grau de cristalinidade e excecional resistência mecânica, tornando-a um material atraente para muitas aplicações, incluindo curativos para feridas, andaimes de engenharia de tecidos ou agente de reforço em materiais compostos. A capacidade da AAB de produzir celulose bacteriana através de processos de fermentação rentáveis e amigos do ambiente colocou-os na vanguarda das indústrias de biotecnologia e ciência dos materiais (Gomes et al., 2018)

c- Biotransformação e biocatálise

Por outro lado, a aplicação de bactérias do ácido acético foi também registada no domínio da biotransformação e da biocatálise. Algumas espécies de AAB demonstraram ser capazes de catalisar uma vasta gama de reacções de oxidação, redução e outras reacções enzimáticas que podem ser aplicadas para produzir vários produtos químicos finos e farmacêuticos, compostos especiais. A capacidade do AAB de abrigar capacidades enzimáticas versáteis e a falta de sensibilidade a condições adversas torna-os favoráveis para processos de biocatálise industrial na geração de métodos de síntese química mais eficazes e sustentáveis (Garcia Garcia e Gullo, 2013; García-Depraect e León-Becerril, 2023).

d-Biocontrolo e Bioremediação

Algumas bactérias do ácido acético têm uma utilização potencial no biocontrolo e na bioremediação, bem como nas suas aplicações industriais. Verificou-se que as espécies de AAB inibem, em certa medida, o crescimento de fitopatógenos, possivelmente para utilização em aplicações agrícolas como controlo biológico de doenças das plantas. Além disso, as AAB também têm sido investigadas quanto à sua aplicação na remediação de poluentes ambientais; degradação de compostos aromáticos por AAB e remoção de metais pesados de poluentes ambientais por AAB. O potencial das bactérias do ácido acético para trabalharem em condições em que outras bactérias poderiam perecer, combinado com a versatilidade e as suas capacidades metabólicas únicas, levou a que se tornassem actores importantes na microbiologia industrial e na biotecnologia. No entanto, à medida que a investigação avança e a tecnologia se desenvolve, as AAB tornar-se-ão potencialmente parte de uma gama mais vasta de processos industriais mais sustentáveis e criativos (Garcia Garcia e Gullo, 2013; Kim et al., 2003; Shukla et al., 2012).

2.2.1.1.2.2. Género *Rhizobium*

Os rizóbios são bactérias quimioheterotróficas aeróbias pertencentes à família *Rhizobiaceae*. Vivem no solo em relação simbiótica com as raízes de certas leguminosas (amendoim, feijão, alfafa, ervilha, soja, etc.). Estas bactérias fixam primeiro o azoto atmosférico e depois transformam-no diretamente em amónio assimilável pelas plantas hospedeiras. Os rizóbios podem, portanto, ser utilizados como biovertilizantes (ou seja, produtos à base de microrganismos vivos) que ajudam a melhorar o crescimento das plantas, a proteger contra a seca e a otimizar as funções e a fertilidade do solo através da ação de microrganismos (Kersters et al., 2006). Estima-se que os microrganismos fixem 200 milhões de toneladas de azoto, sendo a maior parte desta fixação biológica realizada por bactérias simbióticas, em especial fixadores de azoto atmosférico como os rizóbios. O género *Rhizobium* é conhecido pela sua capacidade de formar relações simbióticas com plantas leguminosas e fixar o azoto atmosférico, o que o torna um contribuinte crucial para a agricultura sustentável através da produção de biofertilizantes. Para além da sua utilização como biofertilizante, diferentes espécies de *Rhizobium* foram também exploradas para a biorremediação, biodegradação e produção de biopolímeros valiosos, o que marca claramente a importância deste género na microbiologia industrial e na biotecnologia. Além disso, os rizóbios reduzem consideravelmente a utilização de fertilizantes azotados e, por conseguinte, têm menos impacto na saúde dos consumidores (Fahde et al., 2023; Walker et al., 2020). Tornaram-se objeto de grande interesse devido às suas diversas aplicações, desde a agricultura sustentável, a bioremediação e a produção de biopolímeros:

a-Agricultura sustentável e produção de biofertilizantes

Uma das contribuições mais importantes do *Rizobium* é a produção de biofertilizantes. As espécies de *Rhizobium* têm o privilégio de estabelecer uma relação simbiótica com plantas leguminosas, como a soja e a ervilha, e são bem conhecidas pela sua capacidade de fixar o azoto atmosférico na forma disponível para as plantas (Lishan et al., 2022). Nos últimos anos, a utilização de biofertilizantes à base de *Rhizobium* ganhou popularidade devido ao facto de ser um substituto sustentável dos fertilizantes sintéticos e intensivos em energia. Utilizando *Rhizobium* como forma de aumentar a fertilidade do solo e promover o crescimento das plantas através da fixação biológica de azoto, os biofertilizantes de *Rhizobium* ajudaram verdadeiramente a impulsionar o desenvolvimento de estratégias agrícolas mais ecológicas e mais simples (Quadro 5) (Walker et al., 2020) .

Quadro 5: Espécies *de Rhizobium* mais proeminentes utilizadas na produção de biofertilizantes

Espécies de Rhizobium	**Leguminosas hospedeiras**	**Referências**
R. leguminosarum bv. viciae	Fixação biológica de azoto com leguminosas (por exemplo, ervilhas, lentilhas, trevos) Ervilha (Pisum sativum)	Egamberdieva et al., 2019
R. leguminosarum bv. trifolii	Fixação biológica de azoto com trevo (Trifolium spp.)	Howieson et al., 2005
R. *R. tropici spp.* *R. phaseoli* *R. phaseoli* *R. freirei*	Fixação biológica de azoto com feijão comum (Phaseolus vulgaris) Leucaena (Leucaena spp	Gutiérrez-Zamora, 2001 Sánchez-Cañizares et al., 2018 Hungria et al., 2000 Martínez-Romero, 2003 Dall'Agnol et al., 2013

b-Bioremediação e Biodegradação

Para além da sua utilização na agricultura sustentável, as espécies de *Rhizobium* têm sido utilizadas na bioremediação e na degradação de certos poluentes diferentes. Várias estirpes de *Rhizobium* mostraram capacidade para degradar uma variedade de compostos recalcitrantes, tais como hidrocarbonetos aromáticos, solventes policlorados e metais, alguns mediando metabolismos que incluem o reforço de efluentes tóxicos (Quadro 6). A versatilidade metabólica e a adaptabilidade dos *Rhizobium* permitem a sua exploração para a limpeza de solos, sedimentos e massas de água contaminados. O Rhizobium pode transformar ou mineralizar eficientemente esses compostos perigosos e dar importantes contribuições para a restauração do equilíbrio ecológico e a redução dos danos ambientais (Shukla et al., 2012; Tripathi et al., 2024).

c-Produção de biopolímeros e biomateriais

No domínio da biotecnologia industrial, *o Rhizobium* é também de interesse pela sua utilização na produção de biopolímeros e biomateriais valiosos. Os exopolissacáridos (EPS), como o succinoglicano e o galactoglucano produzidos por algumas espécies de *Rhizobium*, são de grande interesse do ponto de vista biotecnológico devido às suas várias aplicações industriais (tabela 6) (Figueira et al., 2021). Para além disso, os biopolímeros de origem microbiana são utilizados como agentes espessantes, emulsionantes e estabilizantes em alimentos, cosméticos e produtos farmacêuticos. A produção de biopolímeros por *Rhizobium* é amiga do ambiente e biodegradável e faz parte do foco crescente em processos industriais sustentáveis (Firoozeh et al., 2022).

Produção de d-Biohidrogénio

Para além das suas aplicações relacionadas com a produção de biofertilizantes, bioremediação e síntese de biopolímeros, *o Rhizobium* tem sido explorado como uma fonte potencial de produção de biohidrogénio. A produção de gás hidrogénio pode ser conseguida por algumas espécies de *Rhizobium* através da fermentação ou da fotossíntese (quadro 6), que são duas vias de produção que foram demonstradas (Asim et al., 2021). Algumas espécies de *Rhizobium*, como *R. leguminosarum* e *R. meliloti*, podem produzir gás hidrogénio durante a fermentação anaeróbica de substratos orgânicos. Este processo fermentativo envolve a atividade das hidrogenases, enzimas capazes de catalisar a produção e a oxidação do hidrogénio gerado durante a degradação anaeróbia dos açúcares. A produção de hidrogénio permite às bactérias dissipar o excesso de poder redutor gerado (Bascones et al., 2000). No entanto, outras espécies de *Rhizobium*, como a *R. japonicum* (*Bradyrhizobium japonicum*), demonstraram a capacidade de produzir hidrogénio através de processos fotossintéticos. Estas bactérias podem utilizar a energia luminosa para decompor a água e libertar gás hidrogénio. Este mecanismo envolve a atividade das nitrogenases, enzimas que catalisam a redução do dinitrogénio a amoníaco, com o hidrogénio como subproduto (Bascones et al., 2000; Xu et al., 2016).

Quadro 6: As espécies de *Rhizobium* mais importantes utilizadas na bioremediação e biodegradação, bem como na produção de biopolímeros e biomateriais (Firoozeh et al., 2022; Lishan et al., 2022; Osadebe e Chukwu, 2023; Shukla et al., 2012).

Espécies de *Rhizobium*	**Principais aplicações**
R. leguminosarum	- Produção de exopolissacáridos (EPS, Acide glucuronique) para utilização como espessantes, emulsionantes e estabilizadores
R. etli	- Remediação de solos contaminados com metais pesados - Potencial para a produção de bio-hidrogénio -Produção de exopolissacáridos como o xantano de Gomme
R. tropici	- Tolerância a stresses ambientais (por exemplo, acidez, temperaturas elevadas) - Degradação de compostos fenólicos e pesticidas
R. phaseoli-	- Produção de exopolissacáridos com potenciais aplicações industriais - Bioremediação de solos contaminados com petróleo
R. meliloti	- Potencial para a produção de biopolímeros (por exemplo, succinoglicano, hetropolissacárido) - Biodegradação de compostos aromáticos
Bradyrhizobium japonicum	Potencial para a produção de bio-hidrogénio

2.2.1.1.2.3. - Género

Este género contém bactérias flageladas e heterotróficas que são muito abundantes no solo. A espécie *Agrobacterium tumefaciens* é muito utilizada na biotecnologia microbiana e vegetal, graças ao seu plasmídeo Ti (conhecido como T-DNA), que codifica várias funções para a transferência de uma pequena porção de ADN plasmídico para as células vegetais (Naranjo et al., 2023). O T-DNA integrado no ADN cromossómico da planta estimula a síntese da hormona de crescimento vegetal, provocando assim tumores na planta hospedeira. Este plasmídeo pode ser utilizado para transferir genes para as células vegetais, tais como genes para proteínas de armazenamento modificadas enriquecidas em certos aminoácidos essenciais nos grãos de cereais; para transferir genes para a fixação do azoto; ou para introduzir nas plantas genes de resistência a doenças específicas (Sanyal et al., 2023).

2.2.1.2. Cianobactérias

As cianobactérias (ou algas azuis-verdes = cianofíceas) são fototróficos procarióticos oxigenados presentes em quase todos os habitats. São morfologicamente unicelulares (células individuais, suspensas ou bentónicas, ou agregados) ou filamentosas (finas ou espessas, tricomas simples ou feixes com ou sem bainhas). A análise filogenética das *cianobactérias* com base nos genes 16S rRNA mostrou que elas formam um único filo monofilético (Stoyanov et al., 2014). Podem ser utilizadas:

- **Como biofertilizantes:** *As cianobactérias* são conhecidas pela sua capacidade de fixar o azoto atmosférico. Por exemplo, *a Azolla* foi utilizada como fertilizante orgânico na cultura do arroz em muitos países para promover a fixação de N2 (Chittora et al., 2020)

- **Como fonte de alimentação saudável**: As estirpes de Spirulina, Anabaena e Nostoc são consumidas como alimento humano em muitos países, incluindo o Chile, o México, o Peru e as Filipinas. A Arthrospira platensis é comercializada sob a forma de pó, flocos, comprimidos e cápsulas, e é utilizada como suplemento alimentar devido à sua riqueza em nutrientes e digestibilidade. Contém mais de 60% de proteínas e é rica em beta-caroteno, tiamina, fibras e riboflavina, sendo considerada uma das fontes mais ricas de vitamina B12 (Dinicolantonio et al., 2020).

-Na **bioremediação**: a capacidade das cianobactérias para oxidar os componentes do petróleo e outros complexos orgânicos, como os tensioactivos e os herbicidas. Estas cianobactérias incluem *Microcoleus chthonoplastes* e *Phormidium corium, que* degradam os n-alcanos, e *Oscillatoria sp.* e *Agmenellum quadruplicatum, que* oxidam o naftaleno a 1-naftol (Cui et al., 2021).

-Como **fonte de bioplásticos** (polihidroxialcanoatos, PHA): Muitos microrganismos geralmente assimilam e armazenam nutrientes sob a forma de vários materiais de armazenamento: glicogénio, enxofre, poliaminoácidos, polifosfato e PHA. Este último é um termoplástico cristalino com propriedades comparáveis às do polipropileno e considerado um material biodegradável ideal que pode ser completamente mineralizado em água e dióxido de carbono sob a ação de microrganismos naturais (Dang et al., 2022).

-Como fonte de compostos bioactivos: As cianobactérias representam uma nova e rica fonte de compostos bioactivos. Produzem compostos pertencentes aos grupos dos policetídeos, amidas, alcalóides, ácidos gordos, indol e lipopeptídeos. A maioria dos compostos bioactivos são lipopeptídeos e têm numerosas actividades biológicas: antibacteriana, antifúngica, antialgal, antiprotozoária e antiviral. *Lyngbya majuscula* é a espécie mais importante, produzindo numerosos compostos químicos, policetídeos e lipopeptídeos (Perera et al., 2023).

2.2.2. Bactérias Gram-positivas de importância industrial

A versatilidade e a aplicabilidade industrial destas bactérias são conhecidas há muito tempo e incluem muitas bactérias Gram-positivas. Desenvolvidos pela primeira vez por Hyatt e Johnson em 1931, estes microrganismos têm uma estrutura de parede celular única que os distingue dos seus congéneres Gram-negativos e lhes confere frequentemente propriedades valiosas, o que os levou a ser altamente desejados no domínio da microbiologia industrial. Nos últimos anos, tem-se registado um aumento significativo do conhecimento sobre as bactérias Gram-positivas e a sua aplicação industrial (S. W. Cho et al., 2020; Narancic et al., 2012; Raspor e Goranovič, 2008). As bactérias Gram positivas têm uma ampla gama de metabolismos e enzimas valiosos que a tornam uma das principais razões para o interesse duradouro por elas. Ácidos orgânicos, antibióticos, vitaminas e biopolímeros (todos com numerosas aplicações industriais) constituem o outro grupo (Narancic et al., 2012); A natureza robusta das paredes celulares Gram-positivas e sua capacidade de se adaptar a várias condições ambientais os tornam organismos fermentáveis ideais, potenciais agentes de biorremediação e valiosos agentes biotecnológicos (Shehu et al., 2021).

2.2.2.1.- Filo Firmicutes

O filo Firmicutes são bactérias Gram-positivas, não filamentosas, com baixo teor de GC (< 50%), que têm atraído muito interesse para a ciência da microbiologia industrial e biotecnologia (Ngalimat et al., 2021). A versatilidade dos Firmicutes em pesquisas recentes tem sido destacada em processos industriais e aplicações biotecnológicas como enzimas, metabólitos e compostos bioativos tem levado à inovação e incentiva processos industriais sustentáveis. Estão divididas em dois grupos: bactérias formadoras de esporos e bactérias não formadoras de esporos (Michael Y Galperin, 2013).

2.2.2.1.1. Bactérias esporulantes

Estas bactérias produtoras de endosporos estão divididas em dois géneros: *Bacillus* (aeróbio) e *Clostridium* (anaeróbio) (Michael Y. Galperin, 2013):

2.2.2.1.1.1. Género *Bacillus*

Bacillus é um dos géneros mais conhecidos em microbiologia industrial e biotecnologia dentro do filo Firmicutes. É uma bactéria ubíqua, aeróbica facultativa e não patogénica pertencente à família *Bacillaceae* (Chu et al., 2019). As espécies de *Bacillus* são bem conhecidas pelo seu metabolismo ubíquo, natureza robusta e pela sua capacidade de degradar e produzir uma variedade de enzimas industriais, metabolitos e biomateriais. A produção de enzimas industrialmente relevantes, tais como amilases, proteases e lipases, é realizada por rotina utilizando espécies bacterianas que pertencem ao género Bacillus. Além disso, as espécies de Bacillus foram investigadas para a produção de biocombustíveis, bioplásticos e outros metabolitos valiosos (Dame et al., 2021). Uma das principais indústrias em que o género Bacillus é aplicado é a produção de grandes quantidades de enzimas, como amilases, proteases, lipases e celulases, que são utilizadas nas indústrias alimentar, têxtil, de detergentes e farmacêutica. As espécies de Bacillus também demonstraram potencial na produção de metabolitos valiosos com várias aplicações nas indústrias farmacêutica, cosmética e de remediação ambiental (Konuray e Erginkaya, 2018; Soni et al., 2016). Além disso, o género *Bacillus* tornou-se o foco de estudos para o desenvolvimento de biocombustíveis e bioplásticos sustentáveis. *O Bacillus cereus* e *o Bacillus megaterium* foram estudados pelo seu potencial de produção de biocombustíveis a partir da fermentação de biomassa lignocelulósica, nomeadamente bioetanol e biohidrogénio (Paul e Dutta, 2018). Além disso, as espécies de Bacillus foram estudadas pela sua capacidade de produzir polihidroxialcanoatos biodegradáveis (plásticos biodegradáveis de base petroquímica) (Mohapatra et al., 2017).

Algumas espécies são muito úteis na indústria farmacêutica, na cosmetologia e na agronomia (Quadro 07).

Quadro 07: Principais espécies do género *Bacillus* e suas aplicações industriais (Harirchi et al., 2022; Herrmann et al., 2024; Qian et al., 2023)

Espécies	Áreas de interesse	Aplicações
*Bacillus subtilis**	Farmacêutico	Bacitracina (antibiótico ativo contra Gram+); Bacillomycin L (antifúngico).
	Alimentos e cosméticos	a-amilase (indústria do pão), proteases e celulase (na indústria dos detergentes).
	Agronómico	
B. subtilis QST 713 (Q: 713 ou Serenade)™	Agronómico	Agente de controlo biológico contra *Botrytis cinerea* (agente da podridão cinzenta da videira).
Bacillus thuringiensis	Bio-inseticida	Muito eficaz contra larvas de lepidópteros, traças das árvores, minadores de folhas, enroladores de folhas
Bacillus papilliae		Infecta e mata as larvas de escaravelhos da família *Scarabaeidae*.

*Esta espécie não é patogénica para os seres humanos.

É também importante referir que a amilase produzida pelo *Bacillus* sp, tem outras utilizações na indústria, nomeadamente: Produção de bebidas alcoólicas a partir de amidos (alimentos de origem vegetal, constituídos pelas partes não transformadas: sementes, frutos, tubérculos, raízes, caules, ou subprodutos da indústria alimentar: farinha, amido, massas, etc.), libertação da turvação dos sumos causada pelo amido, e separação e desidratação (remoção da cola, solução viscosa de amido, pela amilase, que converte o amido insolúvel em solúvel).), a libertação da turvação dos sumos causada pelo amido, e a separação e desencolagem (remoção da cola, uma solução viscosa de amido, pela amilase, que converte o amido insolúvel em açúcar solúvel) das fibras têxteis (Harirchi et al, 2022; Qian et al., 2023).

2.2.2.1.1.2.- Género

Pertence à família *Clostridiaceae* e contém bacilos anaeróbios estritos, frequentemente esporulados e móveis por flagelos peritríquios. As suas espécies são saprófitas telúricas ou comensais da flora intestinal. Inclui numerosas espécies, algumas das quais são altamente patogénicas para o ser humano, como o *Clostridium tetani* (agente do tétano), *o Clostridium botulinum* (agente do botulismo), *o Clostridium perfringens* (gangrena gasosa) e *o Clostridium difficile (*agente da colite). Por outro lado, muito poucas espécies se revelaram interessantes à escala industrial, nomeadamente nos domínios biotecnológico e médico. Entre estas contam-se *o Clostridium acetobutylicum*, que produz naturalmente acetona, butanol e etanol em co-fermentação de pentoses e hexoses; *o Clostridium beijerinckii, que* produz o solvente isopropanol a partir da conversão da acetona, e *o Clostridium botulinum,* que sintetiza uma poderosa neurotoxina (envolvida em intoxicações alimentares), mas também utilizada para fins médicos, bem como *o Clostridium thermocellum*, utilizado para produzir enzimas celulolíticas (Lee et al, 2008; Wang e Yin, 2021; Zafar et al., 2021).

2.2.2.1.2. Bactérias não esporulantes

As bactérias não esporulantes ocupam um lugar muito importante na indústria alimentar. São representadas pelas bactérias do ácido lático, que são bacilos e cocos, heterotróficos e quimioorganotróficos, anaeróbios ou microaerofílicos e capazes de fermentar açúcares em ácido lático. Taxonomicamente, as bactérias do ácido lático estão divididas em doze géneros: *Aerococcus*, Alloicoccus, *Enterococcus, Lactococcus, Pediococcus, Tetragenococcus, Leuconostoc, Lactobacillus, Carnobacterium, Streptococcus, Vagococcus* e *Bifidobacterium* (com teor de GC > 50%). Apenas os sete géneros *Lactobacillus, Lactococcus, Leuconostoc, Oenococcus, Pediococcus, Streptococcus, Tetragenococcus* e *Bifidobacterium* são frequentemente encontrados na indústria de lacticínios ou utilizados diretamente na fermentação láctica de produtos lácteos (Okoye et al., 2023; Ray et al., 2022).

Consoante a natureza dos produtos do metabolismo bacteriano obtidos a partir dos hidratos de carbono, as bactérias lácticas podem ser divididas em dois grupos: as bactérias homolácticas estritas (ou homofermentativas) produzem apenas ácido lático, enquanto as bactérias heterolácticas (ou heterofermentativas) podem produzir ácido acético, etanol e CO_2, para além do ácido lático (Wang et al., 2021).

As bactérias do ácido lático são amplamente utilizadas para a fermentação de uma vasta gama de produtos animais e vegetais. O seu principal papel é a produção de ácido lático, que reduz o pH através da coagulação das proteínas e limita o crescimento de bactérias indesejáveis. O ácido lático também afecta o sabor, a textura, o aroma e a qualidade microbiológica dos produtos fermentados, quer diretamente nos produtos frescos, quer indiretamente, actuando sobre as actividades enzimáticas durante a maturação. Dependendo dos produtos finais da fermentação do ácido lático, existem dois grupos principais: bactérias lácticas homofermentativas, que produzem ácido lático como único produto da fermentação do açúcar; bactérias lácticas heterofermentativas, que se caracterizam pela produção de ácido lático, etanol e CO_2 (Ray et al., 2022)

A diferença metabólica entre os dois grupos reflecte-se na ausência da enzima aldolase nos heterofermentadores. Esta enzima é a principal na via da glicólise, dividindo a glicose hexose na sua parte (C3). As bactérias homofermentativas do ácido lático convertem o gliceraldeído-3-fosfato (C3) em ácido lático. Em contrapartida, as bactérias heterofermentativas do ácido lático recebem xilulose-5-fosfato (C5) da via das pentoses. A xilulose é cortada em gliceraldeído-3-fosfato (C 3), o que leva ao ácido lático e à di-hidroxiacetona-P, que se converte em etanol (Bu et al., 2018).

As principais bactérias do ácido lático e a sua importância industrial são enumeradas no Quadro 8.

Quadro 08: Benefícios industriais das principais bactérias do ácido lático (Ayivi et al., 2020; López e Spano, 2023; Sánchez et al., 2019)

Famílias e géneros	Principais espécies	Substrato	Exemplos
1. Lactobacillaceae :	*L. helveticus, L. casei L. delbrueckii subsp. bulgaricus*	Leite	Leite fermentado, iogurte kefirs*, a maioria dos queijos
Lactobacilos (8 0speices*)*	*L. sakei*	Carne	Enchidos secos, presuntos secos
	L. sakei, L.	Peixe	Molho de peixe
	L. plantarum	Legumes	chucrute, azeitonas, "iogurtes"
	L. sanfranciscensis	Cereais	Pão de massa fermentada, cervejas, chucrute
	L. pentosaceus	Carne	carne de salsicha semi-seca ou seca
		Legumes	Salsicha, legumes fermentados
2.- *Streptoccaceae* : *Lactococos*	*L. lactis subsp. Lactis* e *L. cremoris*	Leite	queijos brancos, cuite
Streptococcus	*S. thermophilus*	Leite	iogurtes, leites fermentados, queijos
3.*Enterococcaceae Tetragenococos*	*T. halophila*	Legumes Peixe	molho de soja, miso** Molho de peixe
4. *Leuconostocaceae Leuconostoc*	*L. sub mesenteroide* et *L. cremoris* e *L. lactis*	Legumes Leite	chucrute, azeitonas, cidra Leite fermentado, queijos
Oenococcus	*O. oeni*	Legumes	vinho
5.*Bifidobacteriaceae*	*B. roupa de cama*	Leite	Aditivos para leite fermentado, superfície
Propionibacteria-ceae Propionibacterium	*P. freudenreichii subsp. Shermanii, P. freudenreichii, P. acidopropionici,*	Leite	Queijo, produção de ácido propiónico e acético, alguma B12

Nota: * Kefirs: Bebida ligeiramente gaseificada, considerada probiótica e produzida através da fermentação do leite ou de sumos de fruta açucarados.
** Miso: O miso é um alimento tradicional na China e no Japão, sob a forma de uma pasta com um sabor muito salgado; a sua cor varia do branco cremoso ao castanho chocolate. É feito de grãos de soja, sal marinho e, consoante a receita, cevada e arroz.

2.2.2.1.1. 1.- Género

Os lactobacilos encontram-se numa grande variedade de habitats, tais como ambientes muito extremos, em plantas, grãos, produtos lácteos, carne, bebidas fermentadas e no trato gastrointestinal de animais e humanos. Podem ser psicrófilos, termofílicos ou mesófilos. Algumas espécies apresentam elevada tolerância ao sal, à pressão osmótica e baixa atividade da água, bem como tolerância ao etanol. Além disso, a maioria dos lactobacilos fermenta açúcares simples, como a glucose, a frutose e a lactose, ou açúcares complexos, como a celobiose, o amido e a trealose. Além disso, das muitas espécies de *lactobacilos*, apenas *Lactobacillus casei* e *Lactobacillus acidophilus* são os probióticos mais amplamente utilizados (Sánchez et al., 2019).

2.2.2.1.1. 2.- Género *Pediococcus*

Os Pediococos são homofermentativos obrigatórios, formando pares, e podem ser encontrados numa variedade de habitats: matéria vegetal, leite e salmouras. São adicionados à carne para proteger produtos de salsicharia fermentados e em bebidas alcoólicas. As espécies deste género podem produzir bacteriocinas activas contra *Listeria monocytogenes, Staphylococcus aureus* e *Clostridium botulinum* (Ayivi et al., 2020). As espécies de *Pediococcus* têm muitas aplicações industriais (Belarbi et al., 2022; Das et al., 2021; Diguţă et al., 2020; Peter et al., 2023):

-Aplicações na indústria alimentar: Tecnologias de fermentação, desenvolvimento de probióticos, geração de culturas de arranque, preservação natural de alimentos, mecanismos de melhoria do sabor.

-Fabrico bioquímico: Produção de ácidos orgânicos, desenvolvimento de sistemas enzimáticos, otimização de vias metabólicas, produção de produtos químicos renováveis, inovação de processos biotecnológicos.

-Principais processos de produção: Síntese de ácido lático, produção de bacteriocinas, desenvolvimento de compostos bioactivos, tecnologias de fermentação industrial e fabrico bioquímico sustentável.

-Biotecnologia farmacêutica: Engenharia de estirpes probióticas, produção de compostos terapêuticos, investigação imunomoduladora, estratégias de restauração do microbioma, intervenção em doenças metabólicas.

-Aplicações médicas potenciais: soluções para a saúde digestiva, modulação do sistema imunitário, desenvolvimento de suplementos nutricionais, otimização das vias metabólicas, estratégias terapêuticas avançadas.

-Biotecnologia agrícola: desenvolvimento de inoculantes agrícolas, promoção do crescimento das plantas, interação entre microrganismos do solo, soluções agrícolas sustentáveis, gestão biológica de pragas.

2.2.2.1.1.3- Género *Lactococcus*

Este género contém cinco espécies homofermentativas obrigatórias, não móveis, mesófilas, sob a forma de cascas aos pares. Encontram-se em grandes quantidades no leite cru, leites fermentados e queijos, bem como em plantas e animais. *L. lactis*, uma das espécies mais importantes na fermentação alimentar, é utilizada como cultura para a maioria dos queijos duros e muitos produtos lácteos. Esta espécie tem três subespécies: *L. lactis subsp. lactis, Lactococcus lactis subsp. cremoris,* e *Lactococcus lactis subsp. Hordinae*. De facto, *L. lactis subsp. lactis* difere de *Lactococcus lactis subsp. cremoris* pelos seguintes testes positivos: crescimento a 40°C, 4% pH 9,2 e 0,1% azul de metileno, bem como a sua capacidade de hidrolisar arginina e produzir ácido a partir de maltose e ribose (Casalta e Montel, 2008; von Wright, 2019)

2.2.2.1.1.4.- Género

Strptococcus é um género crítico de bactérias com grandes aplicações industriais em mais do que um domínio biotecnológico. Estas bactérias gram-positivas são taxonomicamente atribuídas ao filo Firmicutes e são altamente úteis do ponto de vista metabólico e adaptativo. As espécies de *Streptococcus*, especialmente *S. thermophilus* e *S. lactis*, são indispensáveis nos processos biotecnológicos dos lacticínios. No entanto, estes microrganismos são importantes na produção de iogurte, no fabrico de queijo e no desenvolvimento de culturas probióticas. A sua capacidade de controlar rapidamente os parâmetros de fermentação e as caraterísticas do produto através da rápida conversão da lactose em ácido lático. *O Streptococcus* tem sido utilizado em aplicações farmacêuticas numa vasta gama de áreas de investigação, incluindo o desenvolvimento de vacinas, a investigação de antibióticos e a produção de proteínas terapêuticas. A plasticidade genética do género é explorada pelos investigadores para criar estirpes com capacidades metabólicas melhoradas ou com uma função biológica especificamente orientada (Delorme, 2008; Richards et al., 2014).

Os sistemas enzimáticos e a eficiência metabólica dos *Streptococcus* constituem um ponto de referência útil para os processos biotecnológicos. Estas bactérias são utilizadas por microbiologistas industriais no fabrico de enzimas, na engenharia metabólica e na biopreservação. Devido à sua capacidade de extrair e sintetizar biomoléculas, o género é um recurso promissor em aplicações biotecnológicas avançadas (Delorme, 2008).

2.2.2.1.1.5 - Género *Tetragenococcus*

O género *Tetragenococcus* é uma das bactérias lácticas halofílicas (3 a 10% NaCl), possuindo um biossistema único de interesse industrial, principalmente na fermentação e na biotecnologia alimentar. Tem um papel importante na fermentação tradicional de alimentos, especialmente na sua aplicação na biotecnologia culinária asiática. Devido aos seus contributos para a produção de molho de soja e para a transformação de marisco fermentado, o género é especialmente conhecido. Este género é particularmente útil, uma vez que permite a capacidade de fermentar em dados com elevado teor de sal, em comparação com outras bactérias do ácido lático. Assim, *T. halophilus* e *T. muriaticus* são espécies primárias muito versáteis. Em aplicações biotecnológicas industriais, estes microrganismos são particularmente valiosos porque podem converter rapidamente substratos complexos em condições ambientais difíceis. O controlo preciso dos processos de fermentação pode ser assegurado pela sua capacidade de produção de ácido e pela sua adaptabilidade metabólica (Ennahar e Cai, 2005; Justé et al., 2014).

2.2.2.1.1.6 -Género *Oenococcus*

Este género contém apenas uma espécie, *O. oeni*, que está estreitamente relacionada com *Leuconostoc* e *Weissella* e partilha muitas propriedades fenotípicas com o género *Leuconostoc* (por exemplo, metabolismo heterofermentativo e mesófilo). Além disso, esta espécie é amplamente utilizada na produção de bebidas alcoólicas, graças à sua fermentação maloláctica (a transformação do ácido málico em ácido lático, levando a uma redução da acidez e da estabilidade do produto). A fermentação maloláctica ocorre geralmente após a fermentação alcoólica, depois de todos os açúcares terem sido consumidos (Borneman et al., 2012; Marcobal et al., 2008).

2.2.2.1.1.7 - Género

Leuconostoc é um género de bactérias lácticas impressionantes de importância significativa em muitos domínios biotecnológicos industriais. É importante nas tecnologias de fermentação. *L. mesenteroides* e *L. citreum* são necessárias para a produção de produtos lácteos fermentados, fermentações vegetais, bem como para alimentos tradicionais como o kimchi e o chucrute. Embora sejam actores microbianos essenciais da biotecnologia alimentar, a sua capacidade de gerar compostos de sabor complexos e de participar na preservação do produto caracteriza-os (Björkroth et al., 2014; Stiles e Holzapfel, 1997).

As aplicações do *Leuconostoc* na biotecnologia vão muito para além das relacionadas com a produção alimentar tradicional. É uma fonte para a produção de exopolissacarídeos, técnicas de biopreservação e desenvolvimento de probióticos e investigação de bacteriocinas, produção de compostos antimicrobianos e engenharia metabólica. Pode ser utilizada na fermentação de silagens, na preservação de culturas e na manutenção do microbioma do solo, constituindo uma alternativa à produção convencional de proteínas terapêuticas e à manipulação biotecnológica avançada (Ogier et al., 2008; Stiles e Holzapfel, 1997).

2.2.2.1.1.8 -Género *Bifidobacterium*

A Bifidobacterium tem uma importância significativa para muitos domínios biotecnológicos industriais como bactéria probiótica. Foi classificada taxonomicamente dentro do filo *Actinobacteria* e tornou-se um ator vital nas tecnologias alimentares funcionais, farmacêuticas e nutricionais. As espécies de *Bifidobacterium* são fundamentais para o desenvolvimento de produtos probióticos na indústria alimentar funcional. Também são amplamente utilizadas pelas empresas na produção de iogurte, suplementos nutricionais e tecnologias de nutrição infantil. As espécies *B. longum* e *B. bifidum* são geralmente apreciadas pelas suas capacidades metabólicas e benéficas únicas para a saúde (Saturio et al., 2021; Stiles e Holzapfel, 1997; Stuivenberg et al., 2022).

O género tem um potencial considerável de desenvolvimento como agente para resolver problemas de saúde gastrointestinal e distúrbios metabólicos, representando uma das tendências mais activas no desenvolvimento de cuidados de saúde inovadores. Além disso, as suas caraterísticas metabólicas são aproveitadas para aplicações avançadas de biotecnologia nutricional. A Bifidobacterium está a ser utilizada num grande número de aplicações agrícolas, particularmente na suplementação de alimentos para animais e na otimização da saúde do gado. A capacidade das bactérias para modular os microbiomas e proporcionar benefícios nutricionais significa que tem valor para alargar as tecnologias de saúde humana (O'Callaghan e van Sinderen, 2016; Stuivenberg et al., 2022).

2.2.2.1.1.9 - Género *Propionibacterium*

Este género pertence ao filo *Actinobacteria*, e inclui bactérias anaeróbias, não-móveis e coccoïdes. Crescem lentamente a pH 5,0 a 5,2 (o pH encontrado na produção de queijo) e colonizam a pele humana e os produtos lácteos, fermentando não só a lactose, mas também o lactato como fonte de carbono e energia na ausência de lactose láctea. As suas espécies podem produzir, como metabolitos, ácido propiónico, ácido acético e dióxido de carbono, o aminoácido prolina (num meio rico em péptico) e ácidos gordos (atividade lipolítica dos triglicéridos) (Dioguardi et al., 2020).

O género Propionibacterium é um género sofisticado de bactérias gram-positivas com mecanismos metabólicos complexos e um grande potencial biotecnológico. Tem muitas aplicações:

-Aplicações na indústria alimentar: *A Propionibacterium* desempenha um papel importante nas tecnologias alimentares no sector dos lacticínios. Espécies como a *P. freudenreichii* são de importância fundamental para o processo de fabrico de queijo suíço e francês e, até certo ponto, para o processo de charcutaria francesa. Desempenham um papel importante no desenvolvimento do sabor, produzindo fermentação de ácido propiónico que dá perfis de sabor únicos. Os seus processos metabólicos contribuem para caraterísticas organolépticas únicas de variedades de queijo selecionadas (Dioguardi et al., 2020; Dyshlyuk et al., 2024).

-Na biotecnologia farmacêutica, as capacidades metabólicas da *Propionibacterium* são amplamente aproveitadas pela investigação farmacêutica. O potencial do género na produção de vitamina B12, de compostos antibióticos ou no desenvolvimento de estirpes é significativo. A capacidade do género para sintetizar metabolitos complexos e produzir proteínas terapêuticas é um foco de interesse da investigação (Piwowarek et al., 2018).

No domínio do fabrico de produtos químicos, *a Propionibacterium* é uma plataforma sofisticada para o fabrico sustentável de produtos químicos. Tem a capacidade de produzir ácidos orgânicos, sintetizar biopolímeros e produzir bioquímicos renováveis, que são os processos-chave que posicionam as bactérias no centro do desenvolvimento de estratégias de bioeconomia circular. As espécies deste género têm uma grande versatilidade metabólica que lhes permite transformar um substrato complexo num composto industrial valioso (Dyshlyuk et al., 2024; Piwowarek et al., 2018).

2.2.2.2.- Filo *Actinobacteria*

As Actinobactérias são bactérias Gram-positivas com uma elevada percentagem de GC (mais de 54%). Estão classificadas no filo *Actinobacteria*, classe *Actinobacteria*, subclasse *Actinobacteridae*, ordem *Actinomycetales*, que compreende atualmente 10 subordens, mais de 30 famílias e mais de 160 géneros. A maioria é filamentosa (figura 02). Estas bactérias são omnipresentes, preferindo um pH entre 7 e 8 e uma humidade baixa (5 a 25%). Tal como outras bactérias do solo, a maioria das actinobactérias é mesófila e neutrofílica. No entanto, algumas espécies de *Streptomyces* são acidófilas e alguns géneros, como *Thermoactinomyces*, são termófilos. São geralmente aeróbios estritos, com exceção de certas espécies que são anaeróbios facultativos (*Oerskovia*) ou microaerófilos *(Actinomyces* e *Agromyces*). Alguns géneros são encontrados em ambientes aquáticos, como *Micromonospora*, *Rhodococcus* e *Actinoplanes* (Goodfellow, 2012; Ranjani et al., 2016).

Além disso, as actinobactérias são bem conhecidas pela sua produção de metabolitos primários e secundários com aplicações importantes em vários domínios. São também uma fonte promissora de uma vasta gama de enzimas importantes, que são produzidas à escala industrial. No entanto, alguns géneros são patogénicos para os animais (por exemplo, *Actinomadura, Mycobacterium, Nocardia, Propionibacterium* e *Tropheryma* spp.) e para as plantas (*Clavibacter, Curtobacterium, Rhodococcus* e *Streptomyces* spp.), enquanto outros são comensais de plantas (*Leifsonia* spp.), simbiontes fixadores de azoto (por exemplo, *Frankia*) e habitantes do trato gastrointestinal (*Bifidobacterium*).(Manivasagan et al., 2014a, 2014b; Xie e Pathom-aree, 2021).

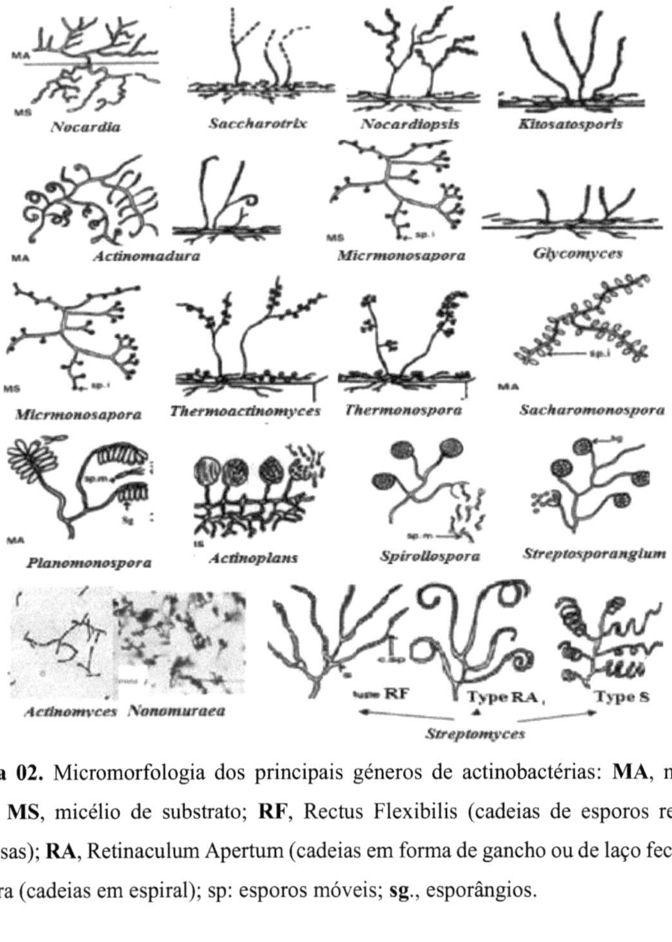

Figura 02. Micromorfologia dos principais géneros de actinobactérias: **MA**, micélio aéreo; **MS**, micélio de substrato; **RF**, Rectus Flexibilis (cadeias de esporos rectas a flexuosas); **RA**, Retinaculum Apertum (cadeias em forma de gancho ou de laço fechado); **S**, Spira (cadeias em espiral); sp: esporos móveis; **sg**., esporângios.

2.2.2.2.1. Aplicações médicas, industriais e biotecnológicas

As actinobactérias são um grupo industrial muito útil, graças à sua capacidade de produzir numerosas substâncias, entre as quais mais de 70% dos antibióticos naturais do mundo, alguns dos quais são utilizados para fins terapêuticos (quadro 05) (antibacterianos, antifúngicos, antivirais, insecticidas, herbicidas, etc.), vitaminas e activadores imunitários. Produzem também substâncias com atividade antiparasitária, como os antimaláricos (distamicina), os acaricidas (altermicidina), os anticoccidianos e certas enzimas com aplicações na medicina (neuraminidases, esterol esterases e oxidases) ou na biologia molecular (endonucleases de restrição) (Manivasagan et al., 2014b; Xie e Pathom-aree, 2021).

O género *Streptomyces*, que é o dominante no ambiente natural, é o principal organismo produtor de antibióticos explorado pela indústria farmacêutica; por si só, produz cerca de 7.600 compostos, ou seja, 80% dos antibióticos segregados pelas actinobactérias, muitos dos quais são metabolitos secundários considerados antibióticos potentes. Além disso, muitos antibióticos interessantes também são produzidos pelos outros géneros de actinobactérias listados na Figura 02 e na Tabela 5 (Belarbi et al., 2022; de Lima Júnior et al., 2023; de Lima Procópio et al., 2012; Donald et al., 2022; Komaki, 2023).

2.2.2.2.2 Interesse nos domínios agronómico e veterinário

As actinobactérias desempenham um papel importante nos processos de biodegradação. As suas enzimas (amilases, xilanases e quitinases) permitem-lhes reciclar polímeros complexos como os polissacáridos, a quitina e mesmo as lignoceluloses vegetais (quadro 09). São também capazes de degradar pesticidas de diferentes estruturas químicas, incluindo organoclorados, tiazinas, carbamatos, organofosforados e outros. Graças às suas propriedades antagonistas, as actinobactérias são também utilizadas no controlo biológico de doenças das plantas. São também capazes de promover o crescimento das plantas e são utilizadas como biofertilizantes (de Lima Júnior et al., 2023; Manivasagan et al., 2013).

As actinobactérias podem fixar o azoto atmosférico graças ao género *Frankia*, que se associa a numerosas árvores como a *Casuarina* e forma com elas nódulos radiculares. São também capazes de degradar ou transformar certas toxinas produzidas por fungos toxigénicos (micotoxinas), reduzindo assim o seu teor nos produtos alimentares finais. Os antibióticos segregados pelas actinobactérias são também amplamente utilizados na criação de animais para combater doenças, bem como na alimentação animal (no caso da espiromicina) para aumentar os rendimentos zootécnicos. Além disso, várias estirpes de *Streptomyces* e outros géneros raros demonstraram o seu efeito de PGPR produzindo várias fitohormonas como o ácido indol 3-acético (IAA), giberelinas, etc. Além disso, certas estirpes de actinobactérias também se revelaram importantes na biotecnologia vegetal como estirpes antagonistas (Komaki, 2023; Yadav et al., 2020).

Quadro 09: Aplicações industriais de espécies de *actinobactérias*

Principais géneros	espécies	Moléculas interessantes	Aplicações
Streptomyces (714 espécies)	*S. griseus*	Etamicina	Ativo contra *Streptococcus pyogenes* resistentes
	S. virginiae	Estreptograminas, Virginiamicina M1	Ativo contra bactérias Gram +
	S. pristinaespiralis	Pristinamicina	
	S. roseosporus	Daptomicina	Ativo contra bactérias G+, MRSA,
	Streptomyces sp. 8812	Isoquinolina	Ativo contra MRSA
	Streptomyces sp.307-9	Tirandamicina C e D	Resistente à vancomicina *E. faecalis*
	Streptomyces sp.SS	Sansamicina F	*Pseudomonas aeruginosa*
	S.	Valinomicina, Estreptomicina	Antibacteriano, antifúngico, antiparasitário e antitumo
	Streptomyces sp. P2-3	Produção de enzimas fixadoras de azoto	Aumento da biomassa vegetal
	Streptomyces sp. R14	Protease	Interesse agroalimentar
	S. canus	Produção de AAI I	crescimento das plantas
	S. longispororuber	Prodigiosina	Anti-mur e pigmento vermelho
	S. rimosus	Tetraciclinas	antibacteriano
	S. antibioticus	Actinomicina D	Antifúngico e antibacteriano
	S. peuceticus	Epirrubicina (antraciclinas)	anti-tumoral
Amycolatopsis	*Amycolatopsis fastidiosa*	nocathiacines et Tiazomicinas	Atividade antibacteriana (Gram +)
	Amycolatopsis sp. F4	Pargamicina A	*S. aureus* VRSA e MRSA
Marinispora	*Marinispora sp*	Linamicinas A-E	
Micromonosporas	*Micromonospora rifamycinica*	Rifamicina S	Ativo contra bactérias G+, especialmente MRSA
Actinosporangium	*A. vitaminophilum* SF-2080.	Pirrolomicina	Ativo contra G - e + e certos fungos
Nocardiopsis	*Nocardiopsis lucentensis*	Amilase	Indústria de detergentes, papel e amido

Frankia	*Frankia ssp*	Hidrogenases	Aumento da biomassa vegetal
Saccharothrix	*S. algériessis*	antibióticos de ditiolopirrolonas	Antibacteriano e antifúngico
Actinomadura	*Actinomadura* sp	**Xilanase**	Alimentação animal, papel e pasta de papel
Streptosporangium	*Streptosporangium* S, 10	R2 (anguciclinona)	
Nocardia	*Nocardia* sp.	Ayamycine Celulase	Antitumoral Têxteis, detergentes, etc.

2.3.-Fungos de importância industrial

Os fungos são organismos eucarióticos heterotróficos pertencentes ao reino Fungi, também designado por *Mycota* ou Mycetes. Representam um grupo grande e diversificado, desde organismos unicelulares microscópicos (leveduras), organismos multicelulares ou filamentosos (bolores), invisíveis a olho nu, até aos fungos superiores. Estes são utilizados na indústria para o fabrico de uma grande variedade de produtos que contêm metabolitos, enzimas e alimentos. Para além disso, as células fúngicas podem geralmente crescer em diferentes condições ambientais. Na taxonomia moderna, baseada no rDNA 18S, os fungos são classificados em quatro grupos ou filos, nomeadamente *Chytridiomycota, Zygomycota, Ascomycota* e *Basidiomycota*. É provável que o seu número seja superior a 1,5 milhões, mas apenas cerca de 10% destes foram observados e descritos (Hibbett et al., 2007; Liu e Li, 2022)

2.3.1. Fungos inferiores

Os fungos inferiores representam um grupo primitivo de organismos caracterizado pela sua posição evolutiva única e caraterísticas morfológicas distintas. Estes organismos são definidos principalmente pela sua reprodução zoospórica, estrutura celular simples e habitats predominantemente aquáticos.

2.3.1.1. *Chytridiomycota*

Os Chytridiomycetes (ou chytrídeos) são micetes primitivos (os fungos mais antigos) que constituem um grande grupo de fungos saprófitas ou parasitas de plantas ou dípteros. São considerados verdadeiros micetas com base em comparações de sequências de unidades de rDNA e do seu metabolismo, bem como da presença de quitina na sua parede celular. Apresentam esporos uni-flagelados e uma parede celular quitinosa em forma unicelular ou cadeias filamentosas simples sob a forma de hifas primitivas (sifão: micélio não fragmentado contendo vários núcleos). Ecologicamente, *os Chytridiomycetes* podem viver em solo húmido, água doce e ambientes marinhos, e não estão envolvidos em fermentações alimentares (Hibbett et al., 2007)

Estes microrganismos demonstram um potencial extraordinário em múltiplos domínios industriais quadro 10:

Quadro 10: Algumas espécies/géneros *de Chytridiomycota* com aplicações industriais

Espécie/Género	industrial Domínio	Aplicação específica	Principais capacidades Representante	Referências
Batrachochytrium	Investigação farmacêutica	Descoberta de medicamentos	Geração de compostos bioactivos	Rosenblum et al. (2013), Science
Olpidium virulentus	Biotecnologia agrícola	Controlo biológico	Gestão dos agentes patogénicos das plantas	Stevenson et al. (2018),
Chytriomyces	Bioremediação	Restauração ambiental	Degradação de hidrocarbonetos	Gleason et al. (2017),
Rhizophydium	Produção de biocombustíveis	Energias renováveis	Acumulação de lípidos	Singh et al. (2016),
Sincronia	Investigação ecológica	Monitorização do ecossistema	Interação entre microorganismos	Longcore et al. (2015),
Blastocladiella	Engenharia Biotecnológica	Produção de enzimas	Vias Metabólicas Avançadas	Matthews et al. (2019),
Physoderma	Ciências Agrárias	Gestão das doenças das culturas	Interação com o microbioma das plantas	Rodriguez-Kabana et al. (2017)
Poliqueias	Biologia Molecular	Investigação genética	Análise da via genómica	Whittaker et al. (2014),

2.3.1.1.2 *Zygomycota*

Os zigomicetos (*Zygomycota,* anteriormente conhecidos como *Phycomycetes)* são fungos com um micélio não dividido (filamentos tubulares, não separados, contendo numerosos núcleos) e esporos não móveis produzidos num esporângio. Estes esporos são altamente voláteis e dispersam-se pelo ar. O zigósporo é um esporo de parede espessa produzido por reprodução sexuada através da união de dois gâmetas semelhantes. Espécies de fungos que se distinguem pelas suas estruturas reprodutivas contínuas e adaptabilidade metabólica, os Zygomycota são constituídos por. *Rhizopus, Mucor, Mortierella,*

Lichtheimia e *Cunninghamella* são géneros-chave que oferecem oportunidades industriais únicas. Estão divididos em duas classes:

-Zygomycetes: reprodução por mitosporos (assexuada): ordens *Mucorales, Dimargaritales, Entomophtorales, Zoopagales, Kickxellales,* especialmente em podridões de frutos.

- Trichomycetes: reprodução por zigósporos (sexual): ordens: *Harpellales, Amoebiales, Aselariales, Ecrinales* (Hibbett et al., 2007; White et al., 2006).

Os Zygomycota são um grupo interessante de fungos com potencial industrial, com uma capacidade metabólica invulgar e uma gama diversificada de aplicações biotecnológicas. A natureza versátil destes fungos no que diz respeito à biotransformação, à produção de enzimas e ao desenvolvimento de tecnologias sustentáveis resultou no aparecimento destes organismos como organismos críticos em diferentes sectores industriais.

Alguns géneros são fitopatogénicos: *Phytophthora*, que infecta muitas plantas, incluindo muitas plantas cultivadas e árvores como a batata e a vinha, e *Pythium*. Excecionalmente, as suas paredes celulares são compostas por celulose, juntamente com outras quitinas (Bullerman, 2003; Ferreira et al., 2013).

Membros importantes da indústria *Zygomycete* são as espécies *Mucor* e *Rhizopus (*figura 03), que são utilizadas em algumas fermentações alimentares tradicionais, na produção de ácido lático (por *Rh. oryzae*) e na bioconversão de células e enzimas. Outras espécies de *Zygomycete* são apresentadas no Quadro 11.

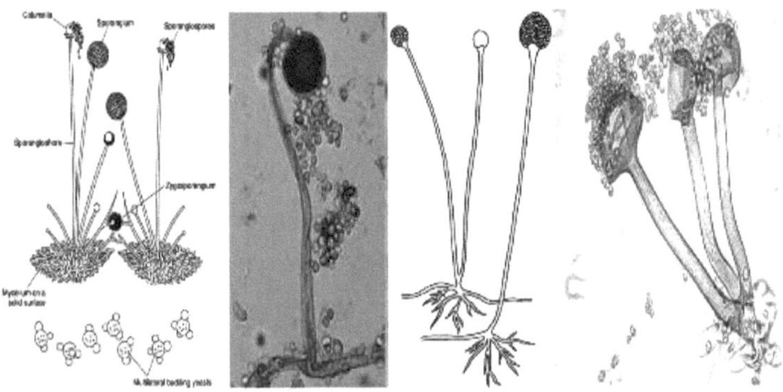

Muccor sp ***Rhizopus sp***

Figura 03: Morfologia *de Rhizopus* e *Muccor* (Bullerman, 2003; Ferreira et al., 2013)

Quadro 11: Aplicações industriais de algumas espécies de *Zygomycota*

Domínio de investigação	**Caraterísticas principais**	
Engenharia Metabólica (Meussen et al., 2012; Romagnolo et al., 2017	-Produção de enzimas -Transformação de proteínas -Síntese de ácidos orgânicos -Conversões enzimáticas	*Rhizopus oligosporus* *Mucor circinelloides*
Inovações farmacêuticas (Hussain et al., 2019; Yang et al., 2018)	-Estudos do metabolismo dos medicamentos -Engenharia enzimática compostos bioactivos - Produção de lipase -Transformação de esteróides	-*Mucor circinelloides* -*Lichtheimia corymbifera* -*Rhizopus micr(Fazili et al., 2022)osporus*
Engenharia metabólica (Vadivelan et al., 2017)	-Biotecnologia dos lípidos, produção de ácidos gordos ómega 3 - Desenvolvimento de biocombustíveis -Síntese industrial de lípidos, acumulação de lípidos	-*Mortierella alpina* -*Mortierella elongata* -*Mortierella isabellina*
Investigação biomédica (Fazili et al., 2022; Soliman et al., 2022)	- Desenvolvimento de probióticos, - Investigação antimicrobiana, - Geração de compostos terapêuticos	-*L. corymbifera* -*Mucor indicus* - *Rhizopus arrhizus*
Biotecnologia agrícola -Estratégias de biocontrolo (Guiraud et al., 2003; Huang et al., 2016)	- do microbioma do solo -Proteção das culturas	-*Syncephalastrum racemosum* -*Cunninghamella elegans* -*Absidia cylindrospora*
-Produção de enzimas - Síntese enzimática industrial (Abbas e Comeau, 2003; Ghosh e Ray, 2011)	-Engenharia de proteínas -Processos biocatalíticos -Enzima especializada com Catálise de alta eficiência -Especificidade do substrato	-*Rhizopus oryzae* -*Mucor plumbeus* -*Lichtheimia ramosa*

2.3.2. Fungos superiores

2.3.2.1. Ascomicetes

Os ascomicetes (membros de *Ascomycota*) representam a maior classe de fungos e incluem leveduras que são usadas em muitos processos de fermentação industrial. Possuem micélios septados e esporos sexuais, chamados ascósporos, numa estrutura conhecida como ascus (asci, plural) (figura 04). Podem reproduzir-se por esporos assexuados conhecidos como conídios, que são esporos relativos pontas de hifas férteis aéreas especiais (conidióforos).

Ecologicamente, colonizam todos os ambientes e podem ser saprófitas, simbióticos ou parasitas. Os membros filamentosos com papéis industriais e comerciais são citados na tabela 12.

As leveduras (membros unicelulares) são importantes devido à sua principal contribuição como microrganismos industriais. São heterotróficas e encontram-se numa vasta gama de habitats normais, sendo particularmente comuns nos órgãos das plantas, especialmente nas flores, e nos detritos vegetais aéreos nas camadas exteriores do solo. Ao contrário da maioria dos fungos, que são aeróbios estritos, muitas leveduras são anaeróbios facultativos, capazes de crescer na ausência de oxigénio. Geralmente têm necessidades alimentares relativamente simples que incluem uma fonte de carbono, que pode ser compostos tão simples como o acetato, e uma variedade de minerais. As fontes inorgânicas de azoto (sulfato de amónio) são facilmente assimiláveis, embora possa também ser utilizada uma variedade de compostos orgânicos de azoto, incluindo ureia e aminoácidos.

As leveduras têm muitas utilizações industriais, nomeadamente na indústria alimentar humana: bebidas alcoólicas, panificação, fabrico de cerveja, fabrico de queijo. São geralmente representadas pelas seguintes espécies: *Saccharomyces cerevisiae* (para a produção de pão, bebidas alcoólicas à base de cevada e outras), *S. sake* (Sake: uma bebida alcoólica japonesa à base de arroz), *S. rouxii* (Miso: alimento fermentado à base de soja), *Condida utilis* (levedura alimentar), *Kluyveromyces fragillis* e *K. lactis* (produção de fermento).

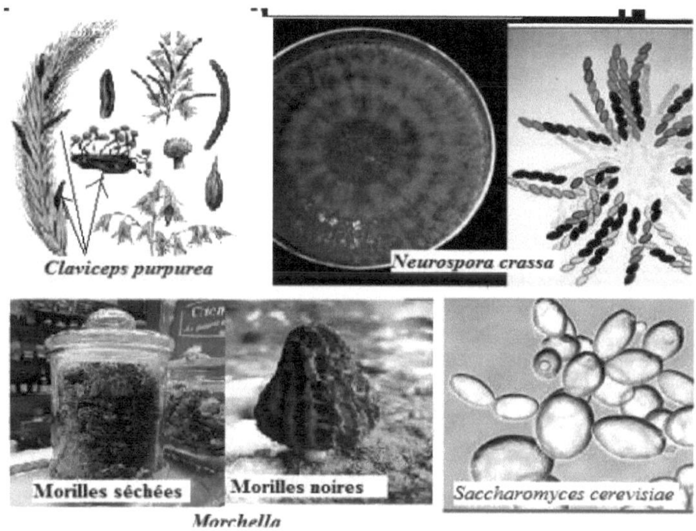

Figura 04: Morfologia de algumas espécies de ascomicetos de importância industrial.

Além disso, as leveduras com elevado valor nutritivo podem ser utilizadas em rações alimentares para animais ou humanos. São principalmente utilizadas para produzir proteínas a partir de organismos unicelulares (P.O.U.).

Por outro lado, muito poucas leveduras são patogénicas para os animais. Por exemplo, o *Cryptococcus neoformans* causa uma forma relativamente rara de meningite, mas mais conhecida é a *candidas albicans*, que geralmente infecta a pele e as membranas mucosas da boca.

Quadro 12: Aplicações industriais de algumas espécies de Ascomycetes

Espécies	Aplicação industrial	Detalhes	Referências
Saccharomyces cerevisiae	Produção de pão, cerveja e vinho	Utilizado na fermentação para produzir etanol e dióxido de carbono, essencial para as indústrias de panificação e cervejeira.	Walker & Stewart, 2016
Claviceps purpurea	Produção de alcalóides da cravagem do centeio -Outras drogas	Utilizado em produtos farmacêuticos (por exemplo, no tratamento de enxaquecas e na indução do parto). -medicamentos utilizados em cirurgia cerebral, no tratamento de enxaquecas, hipertensão e problemas de parto	Tudzynski et al., 2001
Trichoderma reesei	Produção de celulases	Produz enzimas celulolíticas utilizadas na produção de biocombustíveis e nas indústrias têxteis.	Kubicek et al., 2009
Neurospora crassa	Organismo modelo em genética e biotecnologia	Utilizado para a investigação e produção de enzimas relacionadas com a bioenergia (indústria de biocombustíveis celulósicos)	Dunlap et al., 2007
Monascus purpureus	Produção de pigmentos naturais e estatinas (por exemplo, lovastatina)	Fonte de pigmentos vermelhos para corantes alimentares e de compostos que reduzem o colesterol.	Chen & Johns, 1993

2.3.2.1.2. Deuteromicetes (micetes imperfeitos)

Este grupo é muito diversificado, com mais de 5000 espécies, que foram agrupadas pelo simples facto de não terem uma fase sexual (perfeita). Caracteriza-se pela ausência da fase de formação de ascus. Historicamente, os Deuteromycetes, ou fungos imperfeitos ou fungos mitospóricos, são um grupo cativante de fungos predominantemente não-sexuais que descobriram papéis valiosos na descoberta científica e no desenvolvimento industrial. Em comparação com o tratamento taxonómico clássico dos fungos, os deuteromicetos são conhecidos por possuírem uma estratégia reprodutiva invulgar, bem como um metabolismo extremamente diversificado (Sutton, 2014).

Os Deuteromycetes, pelos seus caracteres taxonómicos e morfológicos, referem-se a um conjunto de espécies de fungos que incluem diversos mecanismos de reprodução assexuada. Morfologicamente, estes fungos exibem caraterísticas estruturais complexas, incluindo: Estrutura celular, formações de filamentos multicelulares, hifas septadas especializadas, e um complexo de intrincados sistemas de produção de conídios (esporos assexuados). Geneticamente, os deuteromicetos são um grupo polifilético de esporos que resultam de múltiplas linhagens evolutivas. As consequências desta complexidade genética são a sua capacidade de adaptação a muitas condições ambientais diferentes (Adams, 1995; Sutton, 2014).

Pela sua importância ecológica, estes fungos desempenham papéis cruciais em múltiplos sistemas ecológicos: Participantes do microbioma do solo, agente de decomposição da matéria orgânica, mecanismos de ciclagem de nutrientes e interações ecológicas simbióticas (Amara e El-Baky, 2023; Upadhyay et al., 2016).

Muitos fungos de importância industrial são classificados como deuteromicetas, tais como *Aspergillus, Cephalosporium, Fusarium, Penicillium* (quadro 13, figura 05).

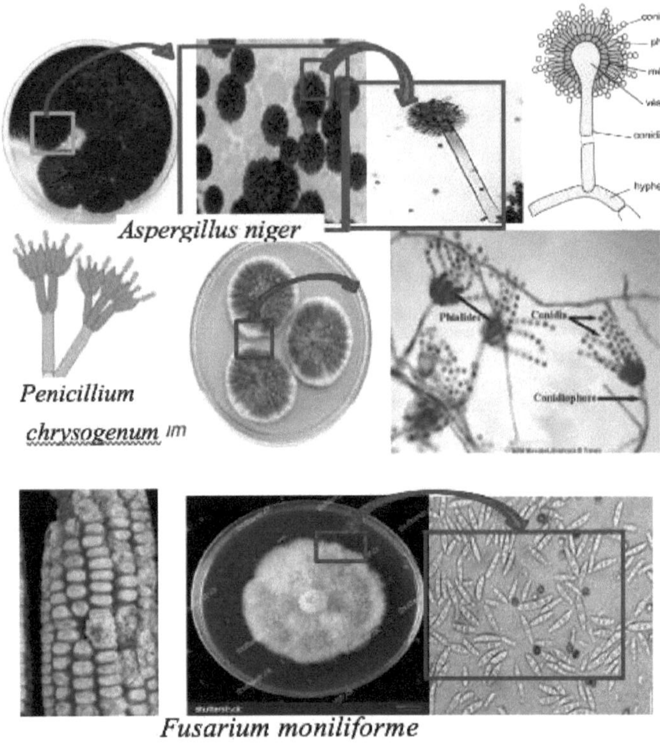

Figura 05: Morfologia de algumas espécies de deuteromicetos de importância industrial

Os deuteromicetos representam um grupo fúngico dinâmico e complexo com um potencial biotecnológico extraordinário. As suas caraterísticas únicas ligam múltiplos domínios científicos, oferecendo soluções inovadoras para desafios globais na medicina, agricultura e gestão ambiental (Quadro 6) (Rekadwad e Khobragade, 2017).

Quadro 13: Principais espécies de deuteromicetos de importância industrial (Karaffa & Kubicek, 2003; (Amara e El-Baky, 2023; dos Santos et al., 2021)

Espécies	produtos	Aplicações
Aspergillus niger *Aspergillus wentii*	Ácido cítrico	Citratos medicinais; No sangue para transfusão
Fusarium moniliforme		Citrato de sódio em produtos alimentares
Aspergillus niger	Ácido giberélico	Hormona de crescimento vegetal; na germinação da cevada para produzir "malte";
Aspergillus niger	Ácido glucónico	Produtos farmacêuticos; têxteis; couro; fotografia
Aspergillus terreus	Ácido itacónico	Fabrico de resinas alquílicas; Agentes molhantes
Aspergillus *Aspergillus aureus*	Pectinases Proteases	Agentes clarificantes nas indústrias de sumos de fruta.
Penicillium notatum ou P. chrysogenum	Antibióticos (penicilina)	Tratamento de infecções bacterianas e fúngicas
P. roqueforti	Enzimas (proteases, lipases)	Transformação de produtos lácteos: queijos azuis como o Roquefort, o Fourme d'Ambert,

2.3.2.1.3. Basidiomicetos (fungos do clube)

Os basidiomicetos são um grupo de fungos fascinante e ecologicamente importante, com estruturas de reprodução sexual únicas e uma grande diversidade biológica. São vulgarmente designados por "fungos da tampa", que produzem hifas septadas e os seus basidiósporos sexuais haplóides (n) estão ligados a estruturas chamadas basídios, formadas nas extremidades de células especializadas. Em alguns casos, estes estão contidos em grandes corpos de frutificação sexual, os basidiocarpos, por exemplo, *Agaricus bisporus*, que produz o corpo de frutificação ou cogumelo comestível. Outros basidiomicetos industrialmente importantes são certos fungos envolvidos na decomposição da madeira e nos processos de biodeterioração e biodegradação, por exemplo, *Phanerochaete chrysosporium* (putrefação branca) (Hiscox et al., 2018; Spribille et al., 2016; Wu et al., 2022).

Cerca de 32.000 espécies descritas pertencem ao filo Basidiomycota, distribuídas de forma variada por regiões geográficas, nichos ecológicos e dinâmicas evolutivas.

Distinguem-se, taxonomicamente, pelas suas estruturas especializadas de reprodução sexual, os basídios, que produzem basidiósporos por processos meióticos. Os fungos filamentosos são, portanto, de interesse industrial. No entanto, representam um risco na indústria agroalimentar sob a forma de contaminação dos géneros alimentícios. De facto, podem ser a causa de uma deterioração significativa das propriedades físico-químicas, levando a uma deterioração da qualidade dos géneros alimentícios (Hiscox et al., 2018; Sivanandhan et al., 2017).

Quadro 14: Principais espécies de basidiomicetos de importância industrial (Berger e Ersoy, 2022; Ghobad-Nejhad et al., 2023; Kulikova et al., 2011; Wan Mohtar et al., 2022).

Espécies	Morfologia	Aplicações específicas	Principais mecanismos funcionais
Ganoderma lucidum		Farmacêutico: Investigação anticancerígena, desenvolvimento de nutracêuticos	Extração de triterpenóides, isolamento de polissacarídos,
Lentinula edodes		Produção alimentar e nutricional, desenvolvimento de suplementos alimentares, cultivo de cogumelos medicinais	Extração de beta-glucano, Geração de compostos antioxidantes, Melhoramento nutricional
Pleurotus ostreatus		Produção de enzimas, Bioremediação, Gestão de resíduos	Síntese de enzimas ligninolíticas, Bioacumulação de metais pesados
Cordyceps militaris		Síntese de compostos medicinais, Melhoria do desempenho, Investigação metabólica	Extração de cordicepina, Produção de análogos de adenosina, Engenharia de vias metabólicas
Agaricus bisporus		Cultivo comercial de cogumelos, Desenvolvimento de alternativas proteicas, Investigação nutricional	Extração de proteínas, geração de compostos de sabor, otimização nutricional
Trametes versicolor	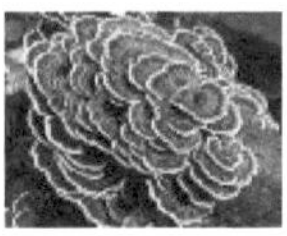	Investigação Medicinal, Desenvolvimento de compostos antivirais, Produção de proteínas terapêuticas	Extração de polissacáridos-K, Modulação do sistema imunitário, Síntese de proteínas antivirais
Flammulina velutipes		Tecnologia de fermentação, Produção de metabólitos, Desenvolvimento de enzimas industriais	Estratégias avançadas de fermentação, Extração de metabolitos secundários, Otimização enzimática

Hericium erinaceus	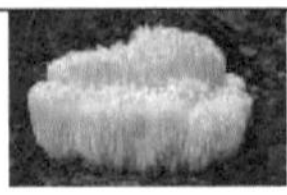	Investigação sobre o reforço cognitivo, desenvolvimento de compostos neuroprotectores,	Síntese do fator de crescimento nervoso, Mecanismos de proteção neurológica,
Auricularia auricula-judae		Desenvolvimento de alimentos funcionais, Produção de suplementos alimentares, Investigação sobre saúde metabólica	Extração de polissacáridos, Produção de compostos antioxidantes, Regulação metabólica

2.2.4 -Vírus de importância industrial

Os vírus são poderosos agentes de doença, mas também se tornaram ferramentas poderosas nas indústrias biotecnológicas e outras devido às suas propriedades biológicas únicas. Os vírus podem infetar apenas um conjunto limitado de células hospedeiras, replicar-se de forma proliferativa e transportar material genético, pelo que têm sido utilizados para muitos fins para além da utilização normal na investigação médica. Os vírus foram reaproveitados e concebidos para o desenvolvimento de vacinas e terapia genética, nanotecnologia e tratamento do cancro, entre outros desafios científicos e industriais complexos (Young e Rickinson, 2004; Krammer, 2019).

Os vírus têm muitas aplicações em diversos domínios (Quadro 15). Podem ser utilizados como vectores na entrega de genes, o que é comum no domínio da biotecnologia, por esta razão, na terapia genética, para entregar genes funcionais a células-alvo, a fim de corrigir distúrbios geneticamente defeituosos. Isto tem sido feito com adenovírus, retrovírus e lentivírus amplamente utilizados (Crystal, 2014; Naldini, 1998). Além disso, os bacteriófagos (vírus que infectam bactérias) estão a ser estudados como alternativas naturais aos antibióticos para o tratamento de infecções bacterianas resistentes aos medicamentos, um dos principais problemas da medicina moderna (Summers, 2001). Os vírus, especificamente o vírus do mosaico do tabaco (TMV), são utilizados como andaimes na nanotecnologia para sistemas de entrega, sensores e transformações de materiais devido às suas estruturas altamente definidas e programáveis à nanoescala (Lomonossoff & Wege, 2018).

Na indústria, os vírus fazem parte integrante da produção de vacinas e são utilizados industrialmente na produção de vírus da gripe em vacinas contra a gripe sazonal e de antigénios do vírus da hepatite B em vacinas recombinantes (Krammer 2019, Dienstag 2008). Além disso, os vírus oncolíticos, incluindo o vírus do herpes simplex modificado e o poliovírus, estão a ser desenvolvidos para matar seletivamente as células cancerígenas e proporcionar uma nova terapia para doenças que anteriormente não podiam ser tratadas (Andtbacka et al., 2015; Dobrikova et al., 2012). Os vírus são também utilizados para além da medicina, na investigação e no diagnóstico da segurança alimentar e na agricultura, para estudar os agentes patogénicos das plantas e desenvolver culturas resistentes às doenças (Atmar & Estes, 2006).

Tabela 15: Algumas aplicações de vírus em várias indústrias e campos de investigação, juntamente com exemplos de vírus específicos:

Vírus	Aplicação	Detalhes	Exemplos	Referências
Bacteriófagos	Terapia com fagos	Tratar infecções bacterianas, (bactérias resistentes a antibióticos)	*Fago T4*, *fago λ*	Summers, 2001).
Adenovírus	Terapia genética	Vectores para a entrega de genes terapêuticos	Adenovírus humano (por exemplo, *Ad5*)	Crystal, 2014)
Retrovírus	Entrega de genes	Terapia genética	*Lentivírus*, *VIH*	Naldini, L. (1998).
Vírus da varíola	Desenvolvimento de vacinas	Base para o desenvolvimento de vacinas (vacina contra a varíola).	Vírus da vaccinia	Fenner, 2000)
Vírus do mosaico do tabaco	Nanotecnologia	Utilizado como um suporte à escala nanométrica para a administração de medicamentos, biossensores e ciência dos materiais.	Vírus do mosaico do tabaco (TMV	Lomonossoff, & Wege, (2018)
Vírus Zika	Terapia oncolítica	Capacidade de atingir e matar células cancerígenas (cancros cerebrais).	Vírus Zika	Zhu, et al. (2017).
Vírus do herpes simplex	Viroterapia oncolítica	Geneticamente concebido para infetar e destruir células cancerígenas.	T-VEC	Andtbacka et al. (2015).
Vírus da gripe	Produção de vacinas	Utilizado para preparar vacinas contra a gripe sazonal à base de ovos	Vírus da gripe A/B	Krammer, F. (2019).
Vírus da raiva	Investigação neurológica	Ajuda a estudar as vias e ligações neuronais devido à sua capacidade através das sinapses	Vírus da raiva	Wickersham, et al. (2007).
Fago lambda (λ)	Investigação em biologia molecular	Central para a engenharia genética em estudos de clonagem e regulação de genes.	Fago lambda (λ)	Ptashne, (2004)
Parvovírus	Terapia do cancro	Exploradas pela sua capacidade natural de se replicarem em determinadas células cancerígenas e de as matarem.	Vírus adeno-associado (AAV)	Nüesch et al. 2012

Vírus da hepatite B	Desenvolvimento de vacinas e diagnósticos	antigénios recombinantes do VHB na produção de vacinas e kits de teste de diagnóstico.	Vírus da hepatite B (VHB)	Terça-feira, 2008
Poliovírus	Terapia do cancro (viroterapia oncolítica)	Estão a ser testadas versões geneticamente modificadas para atingir e matar células cancerígenas	Poliovírus	Dobrikova, E.Y. et al. (2012).
Norovírus	Segurança alimentar	Utilizado como modelo para estudar agentes patogénicos de origem alimentar e mecanismos de contaminação.	Vírus Norwalk	Atmar, & Estes. (2006).
Vírus Epstein-Barr	Investigação imunológica e diagnóstico	Estudado pelo seu papel nas doenças auto-imunes e no cancro,	Vírus Epstein-Barr (EBV)	Young & Rickinson, 2004

CAPÍTULO 2 - MEIOS DE CULTURA INDUSTRIAL

1-Introdução

Os meios de cultura industriais são essenciais para a maioria dos microrganismos industriais, que são organismos quimioautotróficos. Um meio de cultura pode ser definido como uma mistura complexa de nutrientes que permite a produção de biomassa celular e a síntese do produto desejado pelo microrganismo (Stanbury et al., 2017).

A composição do meio de cultura deve ser cuidadosamente concebida para fornecer os componentes necessários ao crescimento microbiano e à formação do produto. No mínimo, o meio de cultura deve conter:

(1) uma fonte de carbono, que é a fonte primária de energia e de carbono para o microrganismo, como a glucose, a sacarose ou os ácidos orgânicos; (2) uma fonte de azoto, que fornece o azoto necessário para a síntese de proteínas, ácidos nucleicos e outros compostos azotados, como os sais de amónio, a ureia ou os compostos orgânicos azotados, como a peptona ou o extrato de levedura (3) oxigénio (para culturas aeróbias), como acetor terminal de electrões na via respiratória dos microrganismos aeróbicos; (4) hidrogénio, que é um componente essencial para a síntese da biomassa celular e dos produtos metabólicos; (5) oligoelementos, como o ferro, o magnésio, o cálcio, etc., que são necessários como cofactores para enzimas e outros processos celulares; (6) vitaminas e factores de crescimento, que são necessários a alguns microrganismos para o crescimento e o metabolismo; e (7) precursores metabólicos, que podem ser adicionados ao meio para aumentar a produção do produto metabólico desejado (Stanbury et al., 2017; Shuler & Kargi, 2002).

Para além destes componentes essenciais, os meios de cultura podem também conter agentes antifúngicos para evitar a formação excessiva de espuma e tampões químicos para manter o pH ideal para o crescimento microbiano e a formação de produtos (Doran, 2013).

A formulação específica do meio de cultura depende do produto-alvo e dos requisitos do microrganismo. Quando o objetivo é maximizar a produção de biomassa, o meio é concebido para proporcionar condições de crescimento ideais. No entanto, para produzir metabolitos secundários, tais como antibióticos, o meio deve ser optimizado para promover a biossíntese do composto desejado, que muitas vezes não está diretamente relacionado com o crescimento celular (Demain & Fang, 2000; Bérdy, 2005). Nestes casos, o fornecimento de um ou mais nutrientes, como o carbono, o fósforo ou uma fonte de azoto, pode ser limitado para estimular a produção de metabolitos secundários (Papagianni, 2012).

O meio de cultura utilizado para o produto-alvo e os requisitos específicos do microrganismo determinam a formulação exacta do meio de cultura. O meio é concebido para produzir condições de crescimento óptimas quando o objetivo é maximizar a produção de biomassa. No entanto, o meio deve ser optimizado para a produção de metabolitos secundários, como os antibióticos, uma vez que a produção nem sempre está diretamente ligada ao crescimento celular (Demain & Fang, 2000; Bérdy, 2005). Nestes casos, o fornecimento de um ou mais nutrientes, como a fonte de carbono, fósforo ou azoto, pode tornar-se limitante para desencadear a produção de metabolitos secundários (Papagianni, 2012).

2. Composição do meio

Os meios de cultura industriais são importantes para os microrganismos industriais, que são quimioheterotróficos. Um meio de cultura pode ser definido como o meio que permite a produção de biomassa celular e a síntese do produto desejado. Deve conter pelo menos uma fonte de carbono, azoto, oxigénio (para a cultura aeróbia), hidrogénio, certos oligoelementos, vitaminas, factores de crescimento e precursores metabólicos. Podem também ser adicionados ao meio agentes anti-espuma e tampões químicos (Bonnet et al., 2020).

O meio de cultura deve ser completo, sintético ou complexo. Deve incluir os seguintes elementos

2.1 Fontes de carbono

Uma fonte de carbono é necessária para a biossíntese, reprodução, formação de produtos e manutenção das células. Na maioria das fermentações, também serve como energia. Pode ser simples e facilmente assimilável pela maioria dos microrganismos, ou complexo e metabolizado lentamente. A glucose, a sacarose, o glicerol e os diferentes tipos de ácidos orgânicos são considerados fontes de carbono comuns. A concentração e o tipo de fonte de carbono podem ter grande influência no metabolismo celular e no rendimento dos produtos (Papagianni, 2012; Rokem et al., 2007).

A glucose é uma excelente fonte de carbono, que tem sido amplamente utilizada para estimular o crescimento microbiano. No entanto, a glucose pode ter efeitos indesejáveis na produção de metabolitos secundários. A glucose é adicionada no início da fermentação durante a fase de crescimento (alimentação contínua ou *lote alimentado*) para maximizar o crescimento e fornecer apenas quantidades mínimas e não inibidoras durante a fase de produção (Mao et al., 2024).

A lactose e a maltose são açúcares de metabolização lenta. Após a hidrólise da lactose em galactose e glucose, a concentração de glucose permanece baixa e não inibe a penicilina. No entanto, outros açúcares de metabolização lenta, como a sacarose e o dextrano, são frequentemente utilizados como fonte de carbono simples, mas podem ser fornecidos num substrato industrial complexo, como o melaço, que fornece não só a fonte de carbono, mas também substâncias azotadas, vitaminas e oligoelementos. produção (Jain et al., 2021; Nasri et al., 2022).

A escolha da fonte de carbono, que representa geralmente o principal custo das matérias-primas, depende da cultura. Por exemplo, os micróbios produtores de amilase podem utilizar amido e dextrinas em vez da glucose, que é mais cara (Pandey et al., 2000). Outros exemplos são os seguintes:

- As leveduras geneticamente modificadas podem utilizar a xilose, um componente essencial do açúcar na hemicelulose. Outras leveduras, incluindo *Candida, Hansenula, Pichia* e *Torulopsis*, também podem utilizar o metanol como fonte de carbono (Hahn-Hägerdal et al., 2007).
- *Kluyveromyces* e *Torulopsis* sp, podem consumir a lactose do soro de queijo como uma fonte de carbono barata (Fonseca et al., 2008).
- *A Yarrowia lipolytica* é capaz de degradar lípidos, proteínas e n-parafinas como uma única fonte de carbono (Papanikolaou & Aggelis, 2011).
- A Candida pode assimilar *n-alcanos* e ácidos gordos como fontes de carbono (Gema et al., 2002).
- As bactérias metilotróficas, como a Methylobacterium extorquens, crescem com metanol, utilizando o ciclo da serina para a assimilação do carbono (Chistoserdova et al., 2003).

2.2. Fontes de azoto

A maioria dos micróbios industriais pode utilizar tanto substâncias inorgânicas como orgânicas. O azoto inorgânico pode ser fornecido sob a forma de sais de amónio, frequentemente sulfato de amónio ($(NH_4)_2SO_4$) e fosfato de diamónio ($(NH_4)_2HPO_4$) ou amoníaco (NH_3). Este último pode também ser utilizado para ajustar o pH da fermentação. As fontes orgânicas de azoto incluem os aminoácidos, as proteínas e a ureia. O azoto é frequentemente fornecido sob a forma bruta, que é essencialmente um subproduto de outras indústrias, como o licor de milho, extractos de levedura, peptonas e farinha de soja (rica em proteínas e fornece ácidos nucleicos, vitaminas, oligoelementos, lípidos, açúcares, enxofre e fosfato). Os aminoácidos purificados são utilizados apenas em situações especiais, geralmente como precursores de produtos específicos (Shuler & Kargi, 2002; Stanbury et al., 2017).

2.3 Sais minerais

Os sais minerais são muito essenciais para várias funções celulares e desempenham muitos papéis diferentes, tais como fornecer componentes estruturais (Mg, P, Cl, Ca, Fe, etc.), regular a pressão osmótica, manter o pH (NaH2PO4, $CaCO_3$ ....), participando em reacções redox (Cu, Fe $(CN)_6^{-3}$, e servindo como cofactores para enzimas (Mg+2, Mn+2, CO+2, Fe+2/+3, Zn), responsáveis pela pressão osmótica (NaCl, KCl,....), agentes precipitantes (NH_4^- SO_4^{-2}, etc), e blocos de construção de antibióticos (P, S, Cl...)(Ortiz-Castillo et al, 2021).

2.4 Vitaminas e factores de crescimento

As vitaminas são compostos orgânicos essenciais em pequenas quantidades de que os microrganismos necessitam para o seu crescimento e metabolismo. Servem como cofactores em muitas reacções enzimáticas e participam em muitos processos celulares. A tiamina (vitamina B1), a riboflavina (vitamina B2), a niacina (vitamina B3), a piridoxina (vitamina B6), a biotina (vitamina B7), a cobalamina (vitamina B12) e o ácido pantoténico (vitamina B5) são vitaminas comuns adicionadas à cultura microbiana. Para além das vitaminas, os microrganismos também necessitam de outros factores orgânicos para um melhor crescimento e produtividade. Os aminoácidos são os blocos de construção das proteínas, necessários para a síntese proteica; os nucleótidos, necessários para a síntese dos ácidos nucleicos (ADN e ARN); os ácidos gordos e os esteróis, necessários para a estrutura e a função da membrana celular; os precursores metabólicos (Bonnet et al., 2020). Podem ser diretamente utilizados como precursores nas vias biossintéticas. Normalmente, estes factores de crescimento estão disponíveis sob a forma de extractos naturais complexos, como o extrato de levedura, a peptona ou o xarope de milho, que contêm os nutrientes desejados em combinação. Especificamente, em alguns casos é possível adicionar factores de crescimento puros, uma vez que em alguns microrganismos, certos compostos essenciais não podem ser gerados por eles. Existem diferentes necessidades específicas de vitaminas e factores de crescimento entre as espécies e estirpes microbianas, que devem ser determinadas e optimizadas para cada processo de fermentação (Atlas, 2010).

2.5.-Precursores

Os precursores são moléculas intermédias que servem de substratos iniciais para reacções durante a biossíntese de metabolitos secundários, como os antibióticos. São frequentemente adicionados de forma controlada e numa forma relativamente pura. Por exemplo:

- O ácido fenilacético ou a fenilacetamida são adicionados como precursores de cadeias laterais na produção de penicilina (Demain & Fang, 2000; Rokem et al., 2007).
- A D-treonina é utilizada como precursor na produção de L-isoleucina por *Serratia marcescens* (Papagianni, 2012).
- O ácido antranílico é adicionado à fermentação da levedura *Hansenula anomala* durante a produção de L-triptofano (Rokem et al., 2007).

A adição destes compostos precursores específicos pode aumentar os rendimentos de produção dos metabolitos secundários desejados, fornecendo os blocos de construção necessários e orientando as vias metabólicas para o produto-alvo (Demain & Fang, 2000; Rokem et al., 2007).

2.6.-Água

A qualidade da água nos processos de fermentação não pode ser negligenciada. A água utilizada para a produção de meios é altamente impura e contaminada, e os microrganismos são muito sensíveis a ela. Interferindo nos processos celulares, os sólidos em suspensão, os colóides, também os minerais dissolvidos, inibem o crescimento, e/ou produzem subprodutos indesejáveis (Cao et al., 2021; Zhang et al., 2022). Para as fermentações industriais, utiliza-se água desmineralizada e desionizada, obtida através de métodos de filtração por membranas e tratamentos com resinas de permuta iónica. Esses processos também removem uma variedade de impurezas, incluindo sais dissolvidos, compostos orgânicos e microorganismos (Stanbury et al, 2017).

3 - Esterilização de meios de cultura

A esterilização é definida como um processo que elimina todas as formas de microrganismos, esporos e vírus através de meios físicos ou químicos. Um meio deve ser esterilizado antes da inoculação com a estirpe produtora. O tratamento térmico é o meio mais comummente utilizado para esterilizar o meio, mas tem a desvantagem de alterar e modificar as qualidades do meio devido à degradação de polímeros (proteínas, ácidos nucleicos), vitaminas e aminoácidos como o triptofano e a asparagina, o que por vezes leva à formação de produtos de degradação tóxicos ou inibidores de crescimento (Bharti et al., 2022; Mandenius, 2016). As altas temperaturas e pressões durante a esterilização a vapor podem degradar vários componentes do meio. As vitaminas e os aminoácidos podem ser destruídos ou modificados e as proteínas e os ácidos nucleicos podem ser degradados e fragmentados, enquanto as vitaminas e os aminoácidos podem ser destruídos ou alterados (Singh et al., 2020; Gao et al., 2021). Isto pode resultar na produção de subprodutos tóxicos ou inibidores de crescimento, que podem ter um impacto prejudicial na produtividade e no crescimento do microrganismo visado (Stanbury et al., 2017). Para resolver estas preocupações, foram investigadas técnicas de esterilização alternativas, incluindo

-Filtração: O procedimento de remoção de microrganismos de um meio sem o submeter a calor elevado, utilizando a filtração por membrana (Gao et al., 2021).

-**A esterilização química** é o processo de inativação de microrganismos através da utilização de desinfectantes ou agentes antimicrobianos (Singh et al., 2020).

-A **irradiação** é o processo de eliminação de microrganismos através da utilização de raios gama ou de feixes de electrões sem alterar substancialmente o meio (Gao et al., 2021).

É importante notar que os métodos de esterilização são determinados pela sensibilidade do microrganismo alvo, a composição específica do meio e os requisitos gerais do processo. É imperativo otimizar meticulosamente o processo de esterilização para garantir o crescimento e a produtividade ideais da estirpe de produção, bem como para preservar a integridade e a qualidade do meio de cultura (Bharti et al., 2022).

4. Exemplos de meios de cultura industriais

Os meios de cultura industriais são muito diversos e podem ser utilizados para uma variedade de aplicações. Estes incluem:

-Crescimento e produção de biomassa celular e proteínas de origem microbiana (Stanbury et al., 2017). Os processos de fermentação industrial são frequentemente utilizados para produzir grandes quantidades de biomassa bacteriana, fúngica ou de levedura, que pode depois ser colhida e utilizada como fonte de proteínas valiosas e outros componentes celulares.

-Produção de metabolitos primários e secundários em bioreactores. Como muitos microrganismos industriais podem sintetizar uma grande variedade de metabolitos primários (principalmente ácidos orgânicos, álcoois e aminoácidos), os metabolitos secundários (antibióticos, enzimas e outros compostos de elevado valor) são produzidos por estes microrganismos (Rokem et al., 2007).

-Testes microbiológicos: o rastreio da presença de microrganismos patogénicos é normalmente feito em meios de cultura industriais utilizados na indústria alimentar, farmacêutica e afins para garantir a segurança e a qualidade dos materiais (Sutton, 2011; Greenberg et al., 2019).

-Novas manchas de interesse industrial (isolamento, purificação, identificação e subcultura). Os meios de cultura são normalmente utilizados por microbiologistas e engenheiros para isolar, caraterizar e manter novas estirpes microbianas consideradas como tendo potencial industrial, por exemplo, para a produção de biocombustíveis, bioplásticos ou outros compostos valiosos (Brock, 2015; Madigan et al., 2018).

A formulação do meio é determinada pela natureza dos produtos de fermentação desejados e pela cultura utilizada. Um microrganismo alvo deve ser cultivado em requisitos específicos de nutrientes, factores de crescimento e outros componentes do meio que devem ser cuidadosamente selecionados e optimizados (Shuler & Kargi, 2002).

4.1 Meios de cultura sintéticos

Estes meios são meios bem definidos com quantidades definidas de compostos químicos puros e uma composição química reconhecível. São mais reprodutíveis, dando ao operador um melhor controlo sobre a fermentação, mas são mais caros do que os meios complexos. A utilização de meios sintéticos permite a regulação precisa do ambiente de cultura e pode facilitar a investigação de vias metabólicas ou a produção de compostos-alvo (Jang et al., 2021; Vadali et al., 2020).

4.2 Meios de cultura semi-sintéticos

Estes meios são caracterizados pela composição precisa de componentes específicos, como os factores de crescimento, numa perspetiva quantitativa. Contêm fontes de carbono simples (glucose, etc.) ou complexas (amido, celulose, etc.) e fontes de carbono simples (minerais: NH_4+ SO_4-, NO_3-, etc.; ou orgânico: aminoácidos) ou fontes de azoto complexas (extrato de levedura, peptona, etc.). São frequentemente utilizados como meios optimizados para produzir enzimas, aminoácidos ou metabolitos secundários, tais como antibióticos e antifúngicos (Shuler & Kargi, 2002; Jang et al., 2021). Os meios semi-sintéticos podem ser utilizados para atingir o equilíbrio entre as vantagens dos meios sintéticos e complexos.

4.3.- Meios de cultura complexos

Os meios complexos contêm compostos naturais cuja composição química não é conhecida e, por conseguinte, são expressos como extrato de levedura e peptona, extrato de melaço, etc. Podem fornecer os nutrientes necessários e produzir um maior número de células do que os meios definidos. Devido a razões económicas, os meios complexos são frequentemente utilizados na fermentação industrial. No entanto, a complexidade destes meios também pode apoiar o crescimento de populações microbianas mais diversas que podem ser benéficas para determinadas aplicações (Jang et al., 2021).

4.4.- Outros meios de cultura

4.4.1. Meios de cultura selectivos

Os meios de cultura selectivos apenas permitem o crescimento de determinados tipos de microrganismos. Contêm elementos que inibem o crescimento de microrganismos indesejáveis. Estes elementos podem ser uma fonte específica de nutrientes (azoto, carbono), agentes químicos (pH, violeta de cristal, azul de metileno, etc.), sais minerais (cloreto de sódio em concentração elevada, tiossulfato de sódio, etc.), antibióticos (de espetro estreito ou largo), antifúngicos (actidiona, etc.). A escolha destes elementos depende das caraterísticas do microrganismo em causa (Tortora et al., 2018; Madigan et al., 2018). Os meios selectivos são geralmente utilizados em laboratório para isolar um determinado grupo de microrganismos de interesse industrial, ou para o controlo microbiológico de matérias-primas ou produtos acabados durante a fermentação industrial. Seguem-se alguns meios selectivos para os principais grupos de microrganismos:

- Vitamina B de quitina: utilizada para o isolamento de *Actinobactérias* (Barka et al., 2016).
- Meio Sabouraud ou PDA: permite o crescimento de fungos (Gostinčar et al., 2018).
- Meio Chapman: Para selecionar estafilococos (Tong et al., 2015).
- Meio EMB (meio de eosina azul de metileno): utilizado para isolar e identificar bactérias intestinais Gram-negativas (Feng & Weagant, 2002).
- Ágar MacConkey (MCK) ou ágar Drigalski: só permitem o crescimento de bacilos Gram-negativos (Feng & Weagant, 2002).
- Ágar Salmonella-Shigella (S.S.): Utilizado para o isolamento seletivo de *Salmonella* e *Shigella* a partir de amostras clínicas (fezes) e de géneros alimentícios (Holt et al., 1994).
- Ágar M17 e caldo M.R.S.: utilizados para o isolamento de lactococos, estreptococos lácticos e *Lactobacillus*, respetivamente (Kleerebezem et al., 2010).

- Culturas enriquecidas: São utilizadas para obter bactérias "exigentes". Por exemplo, meios de sangue fresco (estreptococos), ágar Baird Parker (com soro) para isolar *Staphylococcus aureus* (Tortora et al., 2018).

4.4.2 Meios não selectivos

Os meios não selectivos permitem o crescimento de bactérias que não necessitam de fontes de nutrientes (bactérias não exigentes). A composição destes meios é simples e não tem qualquer efeito de seleção. Exemplos de meios comuns são o ágar nutriente, PCA, ISP2, Bennett, etc. (Tortora et al., 2018; Madigan et al., 2018).

5.-Escolha das matérias-primas mais adequadas

O meio de cultura varia de um microrganismo para outro. A sua composição determina o custo total de um processo. Assim, as matérias-primas escolhidas devem ser pouco dispendiosas e servir de fontes de carbono, azoto e fósforo, bem como de factores de crescimento. Estas incluem hidrolisados vegetais crus, melaço e soro de leite obtido durante a produção de queijo (Stanbury et al., 2017; Shuler & Kargi, 2002).

-Melaço de beterraba sacarina e de cana-de-açúcar: ricos em sacarose, podem ser utilizados para obter biomassa proteica ou levedura para o fabrico de pão (Raut et al., 2019).

-Licores sulfúricos: resíduos ricos em pentoses provenientes do fabrico de pasta de papel, bem como hidrolisados de celulose provenientes de resíduos florestais (Jönsson & Martín, 2016).

Amido: utilizado como matéria-prima para a produção industrial de proteínas (Pandey et al., 2000).

-As culturas à base de matérias-primas nem sempre garantem uma produção máxima, os seus critérios de seleção

-Custos de aquisição e de armazenagem: alguns preços são instáveis e dependem dos mercados internacionais, nomeadamente no caso das proteínas (farinha de soja, etc.), cujo preço pode duplicar. O meio de cultura representa entre 15% e 25%.

- Disponibilidade e consistência da qualidade: no caso de uma qualidade de matéria-prima inconsistente, a mesma estirpe cultivada da mesma forma pode produzir variações de produção superiores a 20%.

- Estabilidade de armazenamento.

- O custo da esterilização, que pode variar em função da viscosidade do meio (presença de amido).

- As suas caraterísticas reológicas e tensoactivas: uma viscosidade elevada é desfavorável ao arejamento e à homogeneização do meio, exigindo uma viscosidade mais elevada (Shuler & Kargi, 2002).

CAPÍTULO 3 - SISTEMAS DE BIORREACTORES E DE FERMENTAÇÃO INDUSTRIAL

1 - Definição de um bioreactor

O biorreactor (também chamado fermentador) é um dispositivo (ou tanque) que permite o crescimento de microrganismos (leveduras, bactérias, fungos microscópicos, algas) para a produção de biomassa, metabolitos primários e secundários, ou a bioconversão de uma molécula de interesse. Controla as condições físico-químicas (temperatura, pH, arejamento, etc.) para garantir uma produtividade elevada (Atasoy et al., 2023; Tiwari et al., 2023).

O desempenho de qualquer bioreactor depende de numerosas funções, tais como

- Concentrações de biomassa: Manutenção de densidades celulares elevadas para maximizar o rendimento dos produtos
- Fornecimento de nutrientes: Fornecer o carbono, o azoto e outros nutrientes necessários para o crescimento microbiano e a formação de produtos
- Condições estéreis: Evitar a contaminação por microrganismos indesejáveis para garantir o processo de fermentação desejado
- Remoção do produto: Extração do metabolito alvo ou da biomassa do bioreactor
- Agitação eficaz: Assegurar a mistura homogénea e a transferência de massa de nutrientes, gases e produtos
- Inibição do produto: Atenuação dos efeitos inibitórios do produto na cultura microbiana
- Remoção de calor: Manutenção da temperatura ideal para o processo microbiano
- Aeração: Fornecimento de oxigénio suficiente para o crescimento e metabolismo microbiano aeróbico,
- Metabolismo: Compreender e controlar as vias metabólicas complexas dos

2 - Estrutura e diferentes tipos de bioreactores

Os biorreactores podem ter várias estruturas, a mais comum das quais na indústria de produção de produtos microbianos é ilustrada na figura 06. É composto pelos seguintes elementos:

1. **Recipiente**: É a câmara principal onde ocorre a fermentação microbiana ou a bioconversão. É normalmente feito de aço inoxidável ou vidro e pode ter várias formas geométricas (por exemplo, cilíndrica, tanque agitado, airlift), dependendo da aplicação.
2. **Impulsor/Agitador**: Responsável pela mistura do conteúdo do bioreactor para assegurar uma distribuição uniforme de nutrientes, gases e produtos. Os tipos de impulsores mais comuns incluem turbinas Rushton, hélices marítimas e turbinas de pás inclinadas,
3. **Aspirador**: Dispersa o ar ou o oxigénio no meio líquido para proporcionar um arejamento suficiente para o crescimento microbiano aeróbico,
4. **Sistema de controlo da temperatura:** Mantém a temperatura óptima para a cultura microbiana, utilizando frequentemente uma camisa de aquecimento ou serpentinas de arrefecimento,
5. **Sistema de controlo do pH:** Ajusta o pH do meio, normalmente utilizando adições de ácido ou base, para manter o pH desejado para o processo,
6. **Portas de recolha de amostras**: Permite a recolha de amostras para monitorizar o progresso da fermentação,
7. **Sensores** para medições como a temperatura, o pH, o oxigénio dissolvido, a espuma e o nível do líquido (Stanbury et al., 2017; Doran, 2013).

3-Diferentes tipos de fermentadores

Os fermentadores industriais podem ser classificados em vários grupos de acordo com a agitação, cultura, volume de cultura, etc.

3.1 -Bioreactor agitado

3.1.1-Biorreactor agitado mecanicamente

Este é o modelo mais utilizado e o mais simples. Os fermentadores com agitação mecânica estão disponíveis em volumes que variam de um litro a 500.000 litros (figura 06). Os sistemas de agitação desempenham um papel crucial na engenharia de bioprocessos, com dois tipos principais de agitadores rotativos que dominam as aplicações industriais:

3.1.1.1-Agitadores rotativos de fluxo radial

Esta turbina gera um movimento radial e depois um movimento axial quando o líquido encontra a parede do tanque. Foi demonstrado em estudos recentes por Wang et al. (2023) que estes agitadores geram gradientes de velocidade de 100-1000s-1, resultando em zonas de cisalhamento elevado perto do impulsor . Este tipo de agitação produz uma excelente eficiência de transferência de oxigénio com valores de 100 a 400 h^{-1} (Martinez-Lopez et al., 2023). Isto é de particular interesse para bactérias e leveduras que podem suportar forças de cisalhamento mais elevadas.

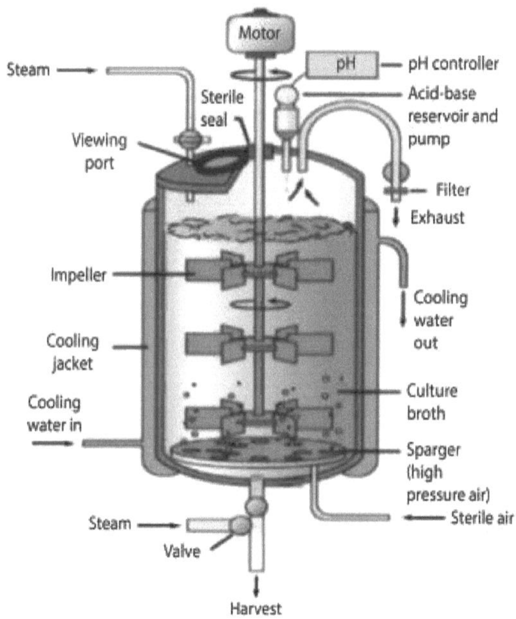

Figura 06: Diagrama geral de um biorreactor mecanicamente agitado (Naing e Williams, 2011).

3.1.1.2-Agitadores rotativos de fluxo axial

As células e o fluido são empurrados para o fundo do tanque e para as paredes através de uma ação de agitação que gera um movimento de bombagem axial do seu líquido. Zhang et al. (2023) mostraram que os designs modernos de hidrofólio fornecem taxas de cisalhamento entre 50 e 200 s^{-1}, adequadas para culturas sensíveis ao cisalhamento.

Eficiência promissora de transferência de oxigénio em valores de 50 - 150 h^{-1} (Smith et al., 2024), mas inferior aos sistemas de fluxo radial. Este tipo de agitação é normalmente utilizado para células frágeis, ou seja, culturas de células de mamíferos, com hélices de tipo marinho. As inovações recentes importantes são os sistemas de controlo inteligentes que ajustam a velocidade do impulsor sem a intervenção do operador e os mecanismos de passo variável para liberalizar ainda mais o processo

Por outro lado, a seleção entre estes tipos de agitadores depende principalmente de: sensibilidade ao cisalhamento da linha celular, taxas de transferência de oxigénio necessárias, requisitos de aumento de escala, consumo de energia, restrições de consumo e necessidades de homogeneidade do processo. Ambas as concepções continuam a evoluir, tendo surgido sistemas híbridos que combinam as vantagens de ambos os padrões de fluxo para aplicações específicas (Kumar et al., 2024).

3.1.1.3-Biorreactores agitados pneumaticamente

Existem dois tipos principais de agitação pneumática: a agitação por ar e a agitação por sifão. A injeção de ar pode ser utilizada para agitar o meio sem necessidade de outro dispositivo mecânico.

a-Agitação por ar: utilizando bombas centrífugas especiais que impulsionam uma mistura de ar e meio a alta velocidade para o tanque principal, proporcionando agitação e aeração (figura 07). Este tipo de agitação é utilizado em pilotos com bolores e actinobactérias, por exemplo, na produção de ácido cítrico por *A. niger*.

a-

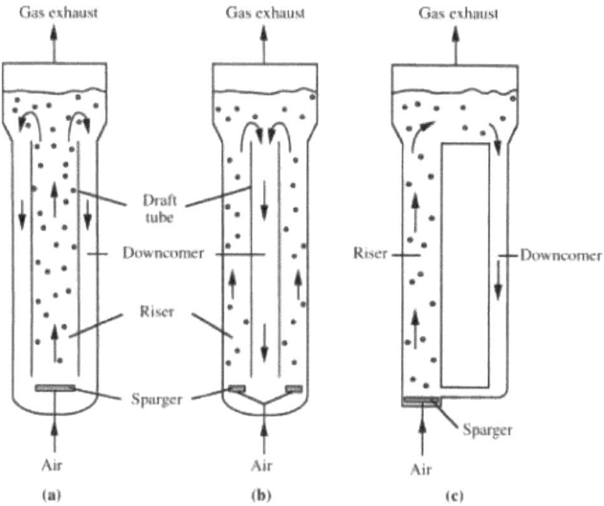

Figura 07: Fermentador *pneumático* (Stanbury et al., 2017)

b-Agitação por efeito de sifão

Trata-se de um fenómeno de mistura passiva em que o líquido circula através de diferenças de potencial gravitacional de uma região para outra sem intervenção mecânica, o que se designa por efeito de sifão. Esta técnica é explorada no sistema de fermentação com base na dinâmica natural dos fluidos para produzir movimento uniforme e transferência de energia. De facto, a agitação por efeito de sifão baseia-se em gradientes de pressão hidrostática. A circulação espontânea ocorre se duas colunas de líquido ligadas verticalmente tiverem variações de densidade. Este padrão é a circulação contínua devido puramente às forças gravitacionais; a coluna de líquido mais densa desce e a coluna mais leve sobe (Jang et al. 2003; Majidi et al. 2015). Em contextos práticos de fermentação, a agitação por efeito sifão oferece várias vantagens: Minimização da complexidade mecânica, Redução do consumo de energia, Manuseamento suave de materiais biológicos, Menor desgaste mecânico, e design simplificado do sistema (Zhang et al. 2018).

3.2 Condições de cultivo

A fermentação pode ser líquida (também conhecida como submersa) ou sólida (também conhecida como de superfície). A maior parte dos fermentadores utilizados na indústria são do tipo submerso, uma vez que economizam espaço e facilitam o controlo técnico e a conceção.

3.3 Volume crescente

Os biorreactores existem em vários modelos, consoante o seu volume: existem biorreactores de laboratório esterilizáveis em autoclave até 18 L ou biorreactores in situ até 30 L, e biorreactores-piloto utilizados para testes à escala industrial (de 30 a 600 litros), enquanto os biorreactores para produção à escala industrial podem variar entre 600 e 50 000 L (como no caso da produção de etanol). Desde 1995, existem no mercado outros modelos de biorreactores descartáveis, utilizados principalmente para volumes que vão de mililitros a várias centenas de litros (Nienow, 2006).

Em geral, o tipo de fermentador mais utilizado é o fermentador de cuba agitada, quer seja aerado ou anaeróbio, e quer seja descontínuo ou contínuo.

4-Sistemas de fermentação

Os processos (ou sistemas) de fermentação podem ser em meio líquido, que é o caso mais frequente na indústria, ou em meio sólido, dependendo da estirpe produtora e das condições óptimas de crescimento e produção, bem como do produto desejado a produzir, tendo em conta que o custo total de um produto é menos dispendioso (Shuler e Kargi, 2002).

4.1 Fermentação em fase líquida

Este sistema está disponível em três modos:

4.1.1 Fermentações em descontínuo ou não renovadas

As células são inicialmente inoculadas num meio fresco e não são adicionados mais nutrientes até que o produto desejado seja produzido. O volume de meio permanece constante, sem renovação, e é utilizado para atingir o crescimento, a produção e a acumulação do produto desejado. O bioreactor não tem entrada ou saída. No final da fermentação, o fermentador é limpo para posterior cultivo.

Neste sistema, a homogeneidade da cultura e a dissolução do oxigénio injetado sob a forma de ar comprimido devem ser asseguradas por uma agitação contínua do meio de cultura. Este é o único método de fermentação utilizado para produzir metabolitos secundários, nomeadamente antibióticos.

Para a cinética de crescimento microbiano em fermentações descontínuas, a população de microrganismos passa por várias fases de crescimento distintas (Figura 08) (Lee et al., 1999; Mears et al., 2017):

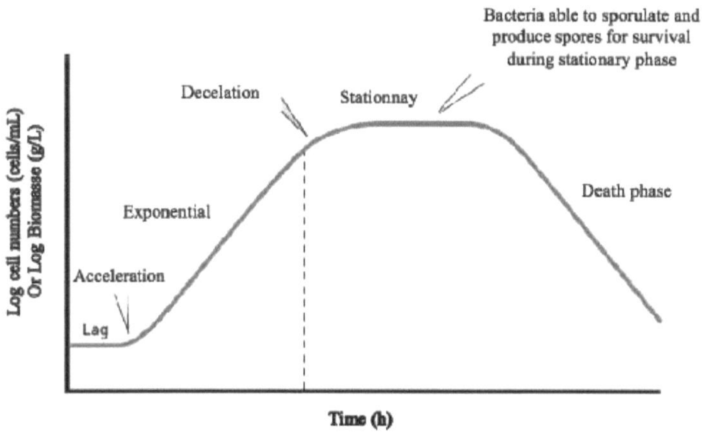

Figura 08: Cinética de crescimento bacteriano em meio não renovado (lote)

a.-Fase de latência: É o tempo necessário para que as bactérias sintetizem enzimas adaptadas ao novo substrato (não há fase de latência se forem subcultivadas num meio idêntico ao anterior). A taxa de crescimento é zero ($\mu = 0$). A duração desta fase depende da idade das bactérias e da composição do meio.

b. Fase de aceleração: a taxa de crescimento aumenta Começam as divisões celulares: N aumenta, (μ) aumenta e G diminui.

c.-. Fase exponencial ou logarítmica: durante esta fase, as bactérias multiplicam-se exponencialmente, sendo a taxa de crescimento específico (μ_{max}) máxima e constante, conhecida como taxa de crescimento específico máxima ou taxa de crescimento exponencial. É geralmente designada por μ_{max} **ou** $\mu_{(expo)}$ (expressa em h^{-1}). É igual à taxa de crescimento da biomassa por unidade de biomassa (X = biomassa em g.L-1 ; t = tempo em h).

- **O tempo de geração** (G) é constante e mínimo. É definido como o tempo de duplicação da biomassa X durante a fase exponencial (ou o tempo de duplicação da absorvância para monitorização espectrofotométrica).

- **A taxa de crescimento** em **volume** (em $g.L^{-1}$. h) é o rácio ***dX* / *dt* e** representa o aumento da biomassa por unidade de volume por unidade de tempo (h).

d.-. Fase de abrandamento: a taxa de crescimento diminui. O meio de cultura esgota-se e acumulam-se resíduos. As bactérias começam a autolisar-se.

e. **Fase estacionária máxima**: a taxa de crescimento torna-se zero ($\mu = 0$). A taxa de mortalidade anula a taxa de crescimento.

f. Fase de declínio: a taxa de crescimento é negativa ($\mu < 0$). Todos os recursos nutritivos são esgotados e acumulam-se metabolitos tóxicos, levando a uma redução dos organismos viáveis e à lise celular por enzimas proteolíticas endógenas. No entanto, há um caso especial nesta fase: a chamada fase "*críptica*", em que a bactéria continua a crescer libertando substâncias libertadas durante a lise (crescimento críptico).

4.1.2. Fermentação em regime descontínuo

Trata-se de uma cultura descontínua alimentada continuamente por um meio nutritivo. Difere da cultura em quimiostato pelo facto de o volume do fermentador variar continuamente. O crescimento começa mais rapidamente num volume de cultura reduzido. Quando o crescimento é estacionário, é adicionado e controlado um meio de cultura estéril. O volume no tanque aumenta então ao longo do tempo. O caudal é ajustado de modo a que a concentração de substrato no tanque permaneça constante e o efeito de diluição não iniba a produção de biomassa. Quando o tanque está cheio, a alimentação é cortada: o processo está então em modo descontínuo. Na prática, a tecnologia de lotes alimentados poupa tempo, aumenta a produtividade e permite que o meio seja modificado durante o cultivo. Mas o risco de contaminação é elevado (Keshavarz, 2014).

Em ambientes industriais, a cultura em regime de lote alimentado é mais aplicável nos casos em que os nutrientes limitantes que podem afetar negativamente as taxas de crescimento são especificamente necessários. Um exemplo neste caso é a produção de penicilina, onde a glucose é sempre bem regulada no meio de cultura para favorecer o crescimento dos micróbios necessários, bem como promover a síntese dos antibióticos (Rousu e Aarts, 2001).

4.1.3. Fermentação contínua

A fermentação contínua é outro modo de funcionamento do biorreactor que, em alguns aspectos, é mais superior ao funcionamento por lotes ou em regime de alimentação. Num sistema de fermentação contínua, o substrato e outros nutrientes necessários são adicionados frequentemente ao biorreactor e, ao mesmo tempo, os produtos e resíduos são também frequentemente retirados, resultando num funcionamento estável (Shuler e Kargi, 2002; Doran, 2013). O volume da cultura microbiana é constante, sendo o caudal do meio igual ao da mistura biomassa-meios líquidos, para manter o volume do reator constante. A concentração celular varia em função da taxa de crescimento exponencial específica dX/dt = (µx expo-D). X, em que X = biomassa inicial; D = taxa de diluição específica (rácio entre o caudal de entrada e o volume do meio h-1); t = tempo.

A fermentação contínua tem muitas vantagens, incluindo um bom controlo dos parâmetros de funcionamento do processo e da qualidade, como o pH, a temperatura e o oxigénio dissolvido, a sua taxa é mais rápida em comparação com os tipos de lotes no que diz respeito à produtividade de queda, e uma capacidade produtiva muito elevada para produzir continuamente os metabolitos ou biomassa pretendidos com um rendimento ótimo, uma vez que os microrganismos ou as culturas de células são mantidos na sua fase de crescimento exponencial, alimentados continuamente com nutrientes e limpos de resíduos metabólicos (Doran, 2013; Stanbury et al., 2017).

A prática da fermentação contínua tem sido praticada com eficácia na produção de diversos produtos industriais, como antibióticos, enzimas, biocombustíveis, proteínas recombinantes e outros produtos farmacêuticos. Por exemplo, a biossíntese de penicilina através da utilização de *Penicillium chrysogenum* tem sido produzida continuamente e amplamente investigada e praticada na produção industrial (Stanbury et al., 2017; Shuler e Kargi, 2002). No entanto, algumas desvantagens foram relatadas, tais como: necessidade de controlar e monitorar o processo com frequência, pontos de vulnerabilidade à contaminação e possibilidade de variação genética de microbiana ou células usadas após um longo período de operação (Shuler e Kargi, 2002; Doran, 2013). A escolha do sistema de biorreactores e a otimização do processo são questões críticas para o desenvolvimento de um processo de fermentação contínua.

Existem dois tipos principais de culturas de fluxo contínuo (quadro 16 e figura 09).

Quadro 16: comparação das principais diferenças entre um turbidostato e um quimiostato

Caraterística	**Turbidostato**	**Chemostat**
Princípio de funcionamento	Mantém uma taxa de crescimento desejada, ajustando automaticamente a taxa de adição de meio com base na turbidez da cultura medida (densidade ótica)	Mantém uma taxa de crescimento desejada, limitando a disponibilidade de um nutriente específico limitador de crescimento no meio
Controlo da taxa de crescimento	A taxa de crescimento é mantida num ponto definido, ajustando a taxa de adição do meio em resposta a alterações na turbidez da cultura	A taxa de crescimento é determinada pela concentração do nutriente limitante no meio, que é mantida a um nível fixo através do controlo da taxa de diluição
Densidade celular	A densidade celular é mantida relativamente constante	A densidade celular varia consoante a taxa de diluição e a disponibilidade do nutriente limitante
Aplicações	Adequado para estudos sobre cinética de crescimento microbiano, otimização da formação de produtos e manutenção de uma população celular consistente	Amplamente utilizado para a produção de biomassa, metabolitos e outros produtos microbianos em que a taxa de crescimento e a limitação de nutrientes são factores críticos

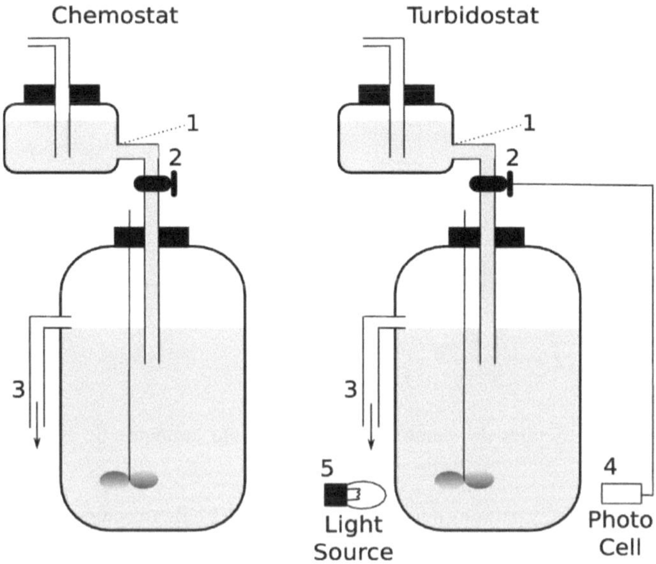

Figura 09: Esquema de um turbidostato e de um quimiostato

4.1.4-Biorreactores de membrana

Um biorreactor de membrana é um reator de fluxo no qual são utilizadas membranas para separar células ou enzimas de fluxos de alimentação ou de produtos. Caracteriza-se pelo facto de as células ou enzimas serem retidas nos reactores, permitindo que estes sejam perfundidos continuamente sem receio de lixiviar as células ou enzimas. As membranas são fabricadas a partir de uma variedade de materiais, incluindo celulose, acetato e nitrato, vinilideno, polipropileno e poliacrilonitrilo (Yuan Wang, Matthew Brannock, 2009).

Os reactores de membrana têm sido utilizados para uma grande variedade de aplicações, incluindo biocatálise, fermentação, cultura de células e tratamento de águas residuais e de gases residuais. Uma das aplicações mais utilizadas é o tratamento biológico de águas residuais (Baker, 2023). A Figura 10 mostra dois biorreactores de membrana típicos para águas residuais: um com um módulo de separação por membrana externa (Fig. 10a) e outro com um módulo de membrana imersa (Fig. 10b).

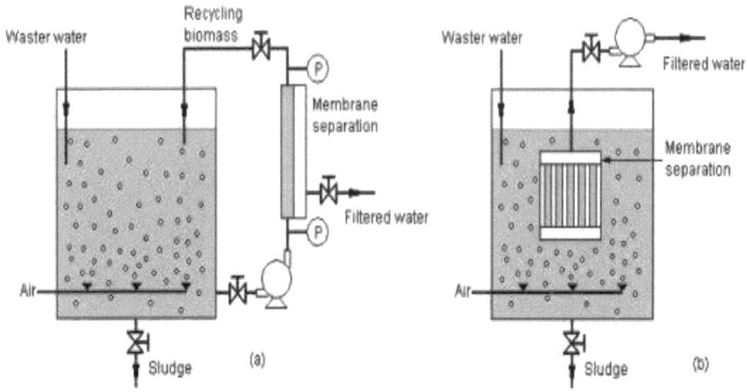

Figura 10: Bioreactores de membrana para tratamento biológico de águas residuais (Yang, 2007).

a) Biorreactor com separação por membrana externa; b) Biorreactor com membrana submersa.

4.1.5. Aplicações da fermentação contínua

A fermentação contínua tem uma vasta gama de aplicações, desde a produção de queijo e de levedura até às vacinas e à cultura de células. É utilizada para produzir proteínas unicelulares, solventes orgânicos como o vinagre, o etanol, a acetona, o butanol, o isopropanol e o ácido acético a partir de matérias-primas tradicionais como o açúcar, o amido, o melaço e a celulose. Além disso, a cultura contida pode ser utilizada para a digestão contínua de águas residuais a partir de produtos químicos que não sejam as lamas activadas existentes (Yang e Sha, 2019).

-As vantagens da fermentação em cultura contínua são :

-As células estão num estado fisiológico constante (estado estacionário).

- Pode ser utilizado com imobilização para concentrações celulares elevadas e alimentação reduzida.
- A limpeza e o tempo de inatividade são muito menos frequentes.
- Adequado para tratamento de água e processos ambientais

-Os inconvenientes da fermentação em cultura contínua são :

- A cultura contínua não é eficiente para produzir metabolitos secundários (antibióticos) e proteínas recombinantes, cuja produção é despoletada no final da fase de crescimento.

-Existe o risco de contaminação ao adicionar nutrientes, o que pode prejudicar o processo (Baker, 2023; Yang e Sha, 2019).

4.2-Fermentação em fase sólida

A fermentação em fase sólida (ou em substrato) envolve o crescimento de microrganismos em materiais orgânicos sólidos que são simplesmente humedecidos e não solubilizados ou suspensos. Os substratos utilizados são frequentemente cereais, farelos, leguminosas e materiais lignocelulósicos como palha, aparas de madeira, etc. Este tipo de fermentação não dispõe de mecanismos de controlo sofisticados. Este tipo de fermentação não possui os mecanismos de controlo sofisticados normalmente associados às fermentações submersas (Kwon et al., 2023; Yuan Wang, Matthew Brannock, 2009).
As principais fases da fermentação em substrato sólido são as seguintes
1 -Pré-tratamento de um substrato por meios mecânicos, químicos ou biológicos;
2- Hidrólise de substratos essencialmente poliméricos: polissacáridos e proteínas;
3-Utilização de produtos de hidrólise; e 4-Separação e purificação de produtos acabados.

Os microrganismos associados às fermentações de substratos sólidos são relativamente intolerantes à atividade da água até um valor de 0,7. Podem ser utilizados sob a forma de :
1- Monoculturas, como na produção de cogumelos, por exemplo, *Agaricus bisporus;*
2- Culturas duplas: por exemplo, bioconversão de palha com *Chaetomium cellulilyticum* e *Candida tropicalis ;*
3-Culturas mistas, utilizadas na compostagem e na preparação de silagem, em que os microrganismos podem ser culturas de arranque autóctones ou mistas.

4.2.1. Sistemas utilizados para fermentações com substrato sólido

A maioria das fermentações de substrato sólido são processos descontínuos. Alguns processos não requerem biorreactores; envolvem simplesmente o espalhamento do substrato em solo adequado. Alguns processos anaeróbicos, como a produção de silagem, não requerem agitação ou aeração. Em contrapartida, a maioria das fermentações aeróbias requerem arejamento e agitação ocasional ou contínua (Bhargav et al., 2008)

Os sistemas de fermentação em substrato sólido utilizados são ilustrados na Figura 11.

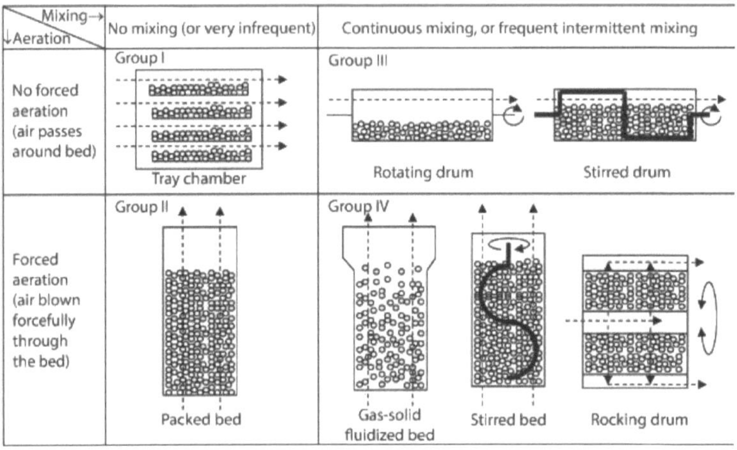

Figura 11: Fermentação de cultivo em estado sólido (Mitchell e Krieger, 2019).

4.2.1.1 Fermentadores de tambor rotativo

Este tipo de fermentador é constituído por um tanque cilíndrico com uma capacidade de cerca de 100 L, montado lateralmente em rolos que suportam e rodam o tanque (Figura 13a). Estes fermentadores são utilizados para a produção de enzimas e de biomassa microbiana. O seu principal inconveniente é o facto de o tambor estar apenas 30% cheio, caso contrário a mistura é ineficaz (Thomas et al., 2013).

4.2.1.2 Fermentadores de placas

Os substratos são espalhados em cada tabuleiro a uma profundidade de apenas alguns centímetros, sendo depois empilhados numa câmara através da qual circula ar húmido. Estes sistemas requerem numerosos tabuleiros e câmaras de incubação com um volume que pode atingir 150 m^3 . São amplamente utilizados para produzir alimentos orientais fermentados e enzimas (Bhargav et al., 2008; H. S. Cho et al., 2020).

4.2.2 Vantagens e desvantagens da fermentação sólida

As vantagens da fermentação sólida são as seguintes (Cho et al., 2020; Thomas et al., 2013):

- É fácil de realizar e não requer equipamento sofisticado. Acima de tudo, não requer necessariamente a esterilização do substrato; Não produz musgo nem contaminação bacteriana devido à falta de água aberta; É altamente produtivo em metabolitos como aromas, penicilina, aflatoxinas, ácido giberélico, etc.; Os eventuais custos de secagem são reduzidos.

As desvantagens das fermentações sólidas são as seguintes

-Muito poucos microrganismos podem ser utilizados, especialmente os que crescem em baixa Aw

-Dificuldades de transferência e difusão de oxigénio e calor na cultura microbiana

-Dificuldades no controlo dos parâmetros de fermentação devido à natureza sólida e heterogénea dos substratos utilizados.

4.2.3.-Aplicações das fermentações com substrato sólido

As fermentações com substrato sólido podem ser utilizadas em vários domínios (Quadro 17).

Tabela 17: Alguns exemplos de fermentação em substrato sólido (Bho et al., 2020; Thomas et al., 2013).

Domínios de aplicaç	Produtos	Microorganismos
Alimentos ricos em proteínas	Cana-de-açúcar, mandioca, bagaço de c	*Aspergillus*
	Polpa de beterraba	*Trichoderma*
Produção de enzimas	Pectinase	*Aspergillus*
	Celulase	*Trichoderma*
	Amilase	*Aspergillus*
Produção de ácidos orgânicos	Ácido cítrico	*Aspergillus*
	Ácido lático	*Rhizopus*
Produção de metabolit secundários	Aromas	*Penicillium, Trichoder*
	Penicilina	*Penicillium*
	Aflatoxina	*Aspergillus*
	Ácido giberélico	*Gibberalia*
Produção de esporos	Formação de inóculo	*Penicillium*
	Controlo biológico de *Sclerotinia sclerotiorum*	*Coniotirium*
Compostagem e silage	Composto e silagem	*Bactérias do ácido láti*

4.3 Sistemas de células imobilizadas

Os microrganismos utilizados para produzir produtos de interesse industrial são imobilizados num suporte ou matriz e, em seguida, a biomassa é alimentada com meio de cultura fresco e esterilizado a partir de uma entrada. O meio fermentado contendo o produto desejado é colhido numa saída. Este sistema oferece várias vantagens:

-Permite a conservação de material biológico para utilização em novos ciclos;

-Facilita a recuperação de produtos com menos recursos;

-Aumenta a densidade celular e a velocidade de reação, o que, por sua vez, acelera a produtividade do produto desejado com pouco tempo e recursos (Sun et al., 2023)

As células microbianas podem ser imobilizadas por quatro tipos de processos, derivados das técnicas utilizadas para a imobilização de enzimas:

4.3.1-Adsorção

A imobilização de células por adsorção num material de suporte pode ser conseguida natural ou artificialmente, utilizando agentes de ligação adequados (óxidos metálicos ou agentes de ligação covalentes, tais como como glutaraldeído ou aminosilano). A ligação deve ter uma elevada afinidade para o biocatalisador e causar uma desnaturação mínima. A adsorção de células viáveis a um suporte orgânico ou inorgânico é conseguida através de forças de Van der Waals e interações iónicas. É influenciada por: as propriedades físicas e químicas da matriz de adsorção, as caraterísticas bioquímicas do organismo imobilizado (a superfície externa da parede celular) e pela composição e propriedades químicas e físicas da fase móvel circundante (Bouabidi et al., 2019).

Os principais materiais utilizados são: aparas de madeira (choupo, faia) para a produção de vinagre por *Acetobacter,* DEAE-celulose (*Nocardia erythropolis*: conversão de esteróides), grânulos de glúten (*Saccharomyces cerevisiae,* produção de etanol), géis de alginato de cálcio *(Streptomyces rimosus,* produção de oxitetraciclina) (Farid et al., 1994)

4.3.2 Inclusão ou aprisionamento do hidrogel

Este é o método mais utilizado para incorporar microrganismos numa matriz de polímeros naturais (polissacáridos e proteínas) e os materiais sintéticos podem ser gelificados em matrizes hidrofílicas em condições suaves. O gel destes materiais pode ser colocado numa coluna, através da qual circula o meio fresco e da qual emergem os produtos de biossíntese. Os géis podem ser utilizados em cultura descontínua ou contínua em bioreactores convencionais (Jalil et al., 2024). Este método tem várias aplicações, algumas das quais estão listadas na Tabela 18.

Tabela 18: Algumas aplicações de células imobilizadas em hidrogéis (Hobzova et al., 2011; Jalil et al., 2024)

Material de hidrogel	Organizações	Aplicações
Alginato	*Bifidobacterium longum*	Produção de ácido lático
	Streptococcus thermophilus	Inoculação do leite.
Ftalato de acetato de ce	*Bifdobacterium*	Produção de probióticos
Alginato de cálcio	*Chlorella vulgaris*	Eliminação de poluentes: azoto e
	Saccharomyces cerevisiae	fósforo, produção de etanol
Quitosano	*Scenedesmus bicellaris*	Remoção de nitrogénio e fósforo
Óxido de polietileno	Células de osteossarcoma d	Regeneração de tecido semelhante osso
poliacrilamida	*Arthrobacter simplex*	Produção de hidrocortisona
	Aspergillus niger	produção de ácido cítrico
	B. subtilis	alfa-amilase

4.3.3. Auto-agregação celular

As células que se aglomeram naturalmente para formar grânulos ou flocular também podem ser consideradas imobilizadas. Muitos produtos de importância industrial (por exemplo, antibióticos) são produzidos por aglomerados de fungos. Os agregados microbianos podem ser encontrados no fabrico de cerveja, onde as células de levedura floculam no final da fermentação. O cultivo de algas, células vegetais e células animais (células de macaco verde africano, *Vero*) também pode levar a fenómenos de agregação. A parede celular é influenciada por factores biológicos e ambientais. Os factores biológicos incluem as secreções extracelulares, a genética, a taxa de crescimento, a nutrição e a idade fisiológica. Os factores ambientais podem ser subdivididos em factores físicos (propriedades hidrodinâmicas, fenómenos, propriedades iónicas e temperatura) e factores químicos (presença de agentes quelantes, relação carbono/nitrogénio, enzimas, ferrocianeto, substâncias azotadas, óleos, açúcares e metais vestigiais).

O método de auto-agregação celular tem várias aplicações, como a produção de etanol por *Zymomonas mobilis* (Grisales Díaz e Willis, 2019), a enzima α-Amilase por *Aspergillus oryzae* (Melnichuk et al., 2020), a penicilina por *Penicillium chrysogenum*

(Asnaashari et al., 2012), certas proteínas recombinantes por animais *Vero* e, sobretudo, no tratamento de águas residuais por lamas activadas.

4.3.4.- Confinamento por membrana

Este método baseia-se na imobilização de células por filtração de uma suspensão de células através de uma membrana, que pode ser pré-formada (sistemas de fibras ocas e reactores de membrana plana) ou formada em torno das células a imobilizar (microcápsulas e aprisionamento em duas fases). As membranas sintéticas (pré-formadas e formadas) são membranas poliméricas de microfiltração ou de ultrafiltração, embora tenham sido utilizados outros tipos de membranas, como as cerâmicas, as de borracha de silicone ou as de permuta iónica (quadro 19). As células recicladas podem ser seguidas de algum crescimento no reator semeado (Bouabidi et al., 2019; Willaert, 2011a).

Tabela 19: Alguns exemplos de imobilização de células em materiais de suporte porosos pré-formados

Hardware	Microorganismos	Aplicações
Toalha de algodão	*Propionibacterium*	Produção de ácido propiónico
Esponja de lufa	*Chlorella*	Eliminação de metais pesados
	Saccharomyces cerevisiae	Produção de etanol
Suporte de silicone	*Lactobacillus*	Produção de exopolissacáridos
Espuma de poliesti		Produção de peroxidase
Cerâmica	*Saccharomyces cerevisiae*	Produção de etanol
Vidro poroso	*Saccharomyces cerevisiae*	Maturação da cerveja
Pellets de alumina	*Zymomonas*	produção de etanol

4.3.5 Bioreactor de células imobilizadas

Os bioreactores de células imobilizadas podem ser encontrados numa variedade de formas, como se mostra na Figura 12

Reator de Tanque Agitado [a]: caracteriza-se por ser uma conceção versátil com agitação mecânica, permitindo uma distribuição uniforme das células e uma melhor transferência de massa (Kumar e Panesar, 2022).

-Reator de coluna de bolhas (b), este reator é ideal para interações gás-líquido-sólido, com capacidades superiores de transferência de massa (Lee et al. 2020).

-O Reator de Elevação de Gás/Ar (c), realçou a sua conceção energeticamente eficiente, utilizando a circulação natural para melhorar a mistura e a transferência de oxigénio (Pandey et al. 2021).

-Fluidized Bed Reator(d), analisou as configurações standard e cónica, destacando as suas caraterísticas excepcionais de transferência de massa e de perda de carga mínima (Martinez-Jimenez (2022).

-Reator de leito empacotado [e]: esta conceção foi identificada como crucial para os processos de bioconversão contínua, com circuitos de reciclagem opcionais que aumentam a eficiência operacional.

-Trickling Bed Reator [f]: notou-se a sua eficácia em processos de tratamento biológico e fermentação, particularmente para sistemas enzimáticos imobilizados (Zhang et al. 2021).

- Reator de reciclagem de células de membrana [g]: É descrito como um sistema avançado que permite uma retenção precisa das células e uma recuperação contínua do produto (Kumar e Panesar, 2022)

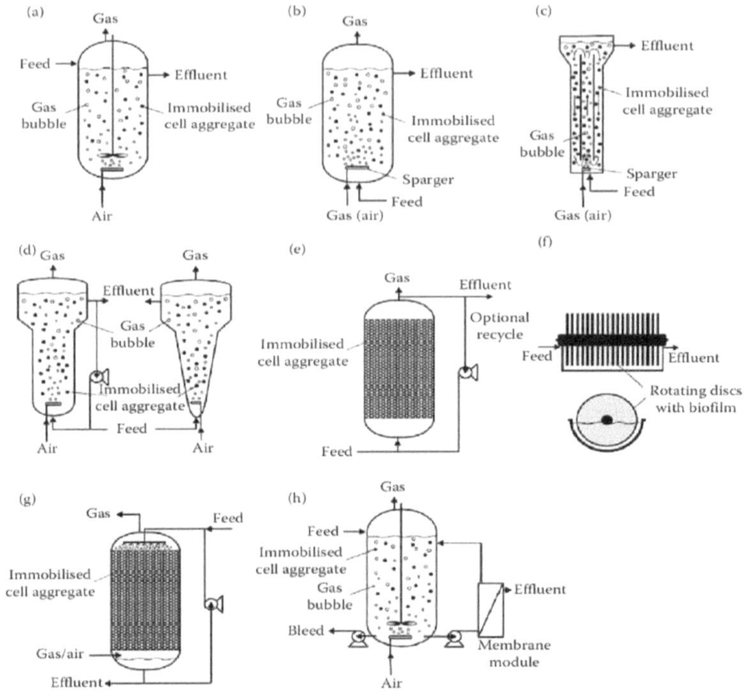

Figura 12: Tipos de bioreactores de células imobilizadas: (a) reator de tanque agitado; (b) reator de coluna de bolhas; (c) reator de elevação de gás/ar; (d) reator de leito fluidizado (esquerda); reator cónico fluidizado (direita); (e) reator de leito empacotado com circuito de reciclagem opcional; (f) reator de leito de gotejamento; (g) reator de reciclagem de células de membrana (Willaert, 2011b).

5 -Aplicações industriais dos bioreactores

Os produtos de origem celular microbiana ou eucariótica são obtidos principalmente através da produção em vários tipos de biorreactores. Os biorreactores têm várias aplicações industriais nos seguintes domínios (Ashok et al., 2017; Meena et al., 2022):

-Domínios **médico** e farmacêutico: Síntese e produção de numerosas moléculas utilizadas no tratamento de doenças de origem microbiana ou outras, tais como antibióticos, antifúngicos, antivirais, esteróides, vitaminas, vacinas e enzimas produzidas por engenharia genética.

-Setor alimentar: Produtos lácteos fermentados, biossíntese de aminoácidos e vitaminas, produção de leveduras e aditivos alimentares, tais como aromatizantes, acidulantes e espessantes.

-Agricultura: Produção de insecticidas e pesticidas orgânicos, bem como de alimentos para silagem.

-Produtos químicos: Produção de substâncias químicas, tais como solventes, ácidos orgânicos e biopolímeros.

Domínio da bioenergia: Produção de algas ricas em hidrocarbonetos (foto-biorreactores): biocombustíveis (metano, etanol, metanol).

-Domínio do ambiente: Controlo da poluição, gestão de resíduos, tratamento de efluentes: tratamento de águas e degradação de resíduos químicos.

6-Fases e escalonamento da fermentação

O processo de fermentação à escala industrial passa por cinco fases importantes (Xia et al., 2021):

1-Fazer o meio de cultura;

2- Esterilização do bioreactor, do seu equipamento e do meio de cultura;

3- Preparação do inóculo;

4- Produção em bioreactor;

5- Extração e purificação do produto.

V.-REFERÊNCIAS

Abbas, H., Comeau, L., 2003. Síntese de aromas por lipase imobilizada de Mucor sp. Enzyme Microb Technol 32. https://doi.org/10.1016/S0141-0229(03)00022-X

Adams, T.H., 1995. Esporulação assexuada em fungos superiores, em: The Growing Fungus. https://doi.org/10.1007/978-0-585-27576-5_17

Adebajo, S., Balogun, S., Akintokun, A., 2017. Decolourização de corantes de cuba por isolados bacterianos recuperados de fábricas têxteis locais no sudoeste da Nigéria. Microbiol Res J Int 18. https://doi.org/10.9734/mrji/2017/29656

Af'idzatuttama, Nawangsih, A.A., Giyanto, 2023. Diversidade de caracteres de cepas bacterianas de podridão negra (Xanthomonas campestris pv. campestris) em repolho contra a mistura de ingredientes ativos Azoxistrobina e Difenoconazol. Jurnal Fitopatologi Indonesia 19. https://doi.org/10.14692/jfi.19.2.45-56

Ahmad, K.S., 2020. Remediação do contaminante ambiental 2-cloro-N-(2,6-dietilfenil)-N-(metoximetil)acetamida através de Xanthomonas axonopodis e Aspergillus niger. Environ Res 182. https://doi.org/10.1016/j.envres.2020.109117

Amara, A.A., El-Baky, N.A., 2023. Fungi as a Source of Edible Proteins and Animal Feed (Fungos como Fonte de Proteínas Comestíveis e Alimentação Animal). Journal of Fungi. https://doi.org/10.3390/jof9010073

Archaea, L., 2009. Les Archaea - le troisième domaine du vivant.

Ashok, A., Doriya, K., Rao, D.R.M., Kumar, D.S., 2017. Conceção de um biorreactor de estado sólido para aplicações industriais: Uma visão geral dos biorreatores convencionais. Biocatal Agric Biotechnol. https://doi.org/10.1016/j.bcab.2016.10.014

Asnaashari, M., Tajick Ghanbary, A.M., Tazick, Z., 2012. Otimização da produção de penicilina G por Penicillium chrysogenum. Ann Biol Res 3.

Atasoy, M., Scott, W.T., van Gijn, K., Koehorst, J.J., Smidt, H., Langenhoff, A.A.M., 2023. A dinâmica microbiana e o desempenho do biorreator estão interligados com a remoção de matéria orgânica do efluente da estação de tratamento de águas residuais. Bioresour Technol 372. https://doi.org/10.1016/j.biortech.2023.128659

Atlas, R.M., 2010. Handbook of Microbiological Media, Manual de meios microbiológicos. https://doi.org/10.1201/ebk1439804063

Atroshenko, D.L., Sergeev, E.P., Golovina, D.I., Pometun, A.A., 2024. Aditividades para a Expressão de Proteínas Recombinantes Solúveis no Citoplasma de Escherichia coli. Fermentação. https://doi.org/10.3390/fermentation10030120

Ayivi, R.D., Gyawali, R., Krastanov, A., Aljaloud, S.O., Worku, M., Tahergorabi, R., Silva, R.C. da, Ibrahim, S.A., 2020. Bactérias do ácido lático: Aplicações em Segurança Alimentar e Saúde Humana. Dairy. https://doi.org/10.3390/dairy1030015

Baker, R.W., 2023. Tecnologia e aplicações de membranas, Membrane Technology and Applications. https://doi.org/10.1002/9781119686026

Balouiri, M., Sadiki, M., Ibnsouda, S.K., 2016. Métodos de avaliação in vitro da atividade antimicrobiana: Uma revisão. J Pharm Anal. https://doi.org/10.1016/j.jpha.2015.11.005

Barka, E.A., Vatsa, P., Sanchez, L., Gaveau-Vaillant, N., Jacquard, C., Klenk, H.-P., Clément, C., Ouhdouch, Y., van Wezel, G.P., 2016. Taxonomia, Fisiologia e Produtos Naturais de Actinobactérias. Microbiology and Molecular Biology Reviews 80, 1-43. https://doi.org/10.1128/mmbr.00019-15

Bascones, E., Imperial, J., Ruiz-Argueso, T., Palacios, J.M., 2000. Geração de novas estirpes de Rhizobiaceae recicladoras de hidrogénio através da introdução de um novo minitransposão hup. Appl Environ Microbiol 66. https://doi.org/10.1128/AEM.66.10.4292-4299.2000

Belarbi, A.Y., de Almeida, O.G.G., Gatto, V., Torriani, S., del Rio, B., Ladero, V., Redruello, B., Bensalah, F., Alvarez, M.A., 2022. Investigação do potencial biotecnológico de estirpes de bactérias do ácido lático isoladas de diferentes fontes leiteiras e agrícolas argelinas. Arch Microbiol 204. https://doi.org/10.1007/s00203-022-02828-7

Bera, S.P., Tank, S.K., 2021. Triagem e identificação de Pseudomonas sp. recentemente isoladas para biodegradação do corante azo têxtil C.I. Procion Red H-3B. J Appl Microbiol 130. https://doi.org/10.1111/jam.14920

Berger, R.G., Ersoy, F., 2022. Alimentos melhorados usando enzimas de Basidiomycetes. Processes. https://doi.org/10.3390/pr10040726

Bhargav, S., Panda, B.P., Ali, M., Javed, S., 2008. Fermentação em estado sólido: An overview. Chem Biochem Eng Q 22. https://doi.org/10.1201/9780203027356-25

Bharti, B., Li, H., Ren, Z., Zhu, R., Zhu, Z., 2022. Avanços recentes na tecnologia de esterilização e desinfeção: A review. Chemosphere 308. https://doi.org/10.1016/j.chemosphere.2022.136404

Björkroth, J., Dicks, L.M.T., Endo, A., Holzapfel, W.H., 2014. O género Leuconostoc, em: Wiley Blackwell 6. https://doi.org/10.1002/9781118655252.ch23

Bonnet, M., Lagier, J.C., Raoult, D., Khelaifia, S., 2020. Cultura bacteriana em condições selectivas e não selectivas: a evolução dos meios de cultura em microbiologia clínica. New Microbes New Infect. https://doi.org/10.1016/j.nmni.2019.100622

Borneman, A.R., McCarthy, J.M., Chambers, P.J., Bartowsky, E.J., 2012. Divergência funcional no género oenococcus como previsto pela sequenciação do genoma da espécie recém-descrita, oenococcus kitaharae. PLoS One 7. https://doi.org/10.1371/journal.pone.0029626

Bouabidi, Z.B., El-Naas, M.H., Zhang, Z., 2019. Imobilização de células microbianas para o biotratamento de águas residuais: Uma revisão. Environ Chem Lett. https://doi.org/10.1007/s10311-018-0795-7

Bu, P., Chen, K.Y., Xiang, K., Johnson, C., Crown, S.B., Rakhilin, N., Ai, Y., Wang, L., Xi, R., Astapova, I., Han, Y., Li, J., Barth, B.B., Lu, M., Gao, Z., Minas, R., Zhang, L., Herman, M., Hsu, D., Zhang, G.F., Shen, X., 2018. O metabolismo da frutose mediado pela Aldolase B impulsiona a reprogramação metabólica da metástase hepática do câncer de cólon. Cell Metab 27. https://doi.org/10.1016/j.cmet.2018.04.003

Bullerman, L.B., 2003. SPOILAGE | Fungi in Food - An Overview, in: Encyclopedia of Food Sciences and Nutrition. https://doi.org/10.1016/b0-12-227055-x/01129-9

Cao, Y.X., Xiao, W.H., Zhang, J.L., Xie, Z.X., Ding, M.Z., Yuan, Y.J., 2016. Biossíntese heteróloga e manipulação de alcanos em Escherichia coli. Metab Eng 38. https://doi.org/10.1016/j.ymben.2016.06.002

Casalta, E., Montel, M.C., 2008. Avaliação da segurança de microrganismos lácteos: O género Lactococcus. Int J Food Microbiol 126. https://doi.org/10.1016/j.ijfoodmicro.2007.08.013

Chandra, P., Enespa, Singh, R., Arora, P.K., 2020. Lipases microbianas e suas aplicações industriais: A comprehensive review. Microb Cell Fact. https://doi.org/10.1186/s12934-020-01428-8

Chittora, D., Meena, M., Barupal, T., Swapnil, P., 2020. Cianobactérias como fonte de biofertilizantes para a agricultura sustentável. Biochem Biophys Rep. https://doi.org/10.1016/j.bbrep.2020.100737

Cho, H.S., Lee, S., Park, Y.S., 2020. Otimização do processo de fermentação em fase sólida de cordyceps militaris com soja germinada usando lactobacillus plantarum KCB001. Food Engineering Progress 22. https://doi.org/10.13050/FOODENGPROG.2018.22.3.256

Chu, J., Wang, Y., Zhao, B., Zhang, X., Liu, K., Mao, L., Kalamiyets, E., 2019. Isolamento e identificação de novos compostos antibacterianos de Bacillus pumilus. Appl Microbiol Biotechnol. https://doi.org/10.1007/s00253-019-10083-y

Chun, J., Rainey, F.A., 2014. Integrando a genómica na taxonomia e sistemática das Bactérias e Archaea. Int J Syst Evol Microbiol. https://doi.org/10.1099/ijs.0.054171-0

Cui, J., Xie, Y., Sun, T., Chen, L., Zhang, W., 2021. Decifrando e projetando cianobactérias fotossintéticas para biorremediação de metais pesados. Science of the Total Environment. https://doi.org/10.1016/j.scitotenv.2020.144111

D'aes, J., De Maeyer, K., Pauwelyn, E., Höfte, M., 2010. Biossurfactantes nas interações planta-Pseudomonas e sua importância para o biocontrolo. Environ Microbiol Rep 2. https://doi.org/10.1111/j.1758-2229.2009.00104.x

Dame, Z.T., Rahman, M., Islam, T., 2021. Bacilos como fontes de agrobiotecnologia: avanços recentes e direções futuras. Green Chem Lett Rev. https://doi.org/10.1080/17518253.2021.1905080

Dang, B.T., Bui, X.T., Tran, D.P.H., Hao Ngo, H., Nghiem, L.D., Hoang, T.K.D., Nguyen, P.T., Nguyen, H.H., Vo, T.K.Q., Lin, C., Yi Andrew Lin, K., Varjani, S., 2022. Aplicação atual de derivados de algas para a produção de bioplásticos: Uma revisão. Bioresour Technol. https://doi.org/10.1016/j.biortech.2022.126698

Das, S., Mandal, V., Mandal, N.C., 2021. Eficácia antimicrobiana de amplo espetro de Pediococcus acidilactici LAB001 contra bactérias e fungos de deterioração alimentar e toxigénicos. J Food Process Preserv 45. https://doi.org/10.1111/jfpp.15066

De Lima Júnior, A.A., de Sousa, E.C., de Oliveira, T.H.B., de Santana, R.C.F., da Silva, S.K.R., Coelho, L.C.B.B., 2023. Género Streptomyces: Avanços recentes para fins biotecnológicos. Biotechnol Appl Biochem. https://doi.org/10.1002/bab.2455

De Lima Procópio, R.E., da Silva, I.R., Martins, M.K., de Azevedo, J.L., de Araújo, J.M., 2012. Antibióticos produzidos por Streptomyces. Revista Brasileira de Doenças Infecciosas. https://doi.org/10.1016/j.bjid.2012.08.014

Delorme, C., 2008. Avaliação da segurança de microrganismos lácteos: Streptococcus thermophilus. Int J Food Microbiol 126. https://doi.org/10.1016/j.ijfoodmicro.2007.08.014

Diguță, C.F., Nițoi, G.D., Matei, F., Luță, G., Cornea, C.P., 2020. O potencial biotecnológico de pediococcus spp. Isolado do consórcio microbiano de kombucha. Alimentos 9. https://doi.org/10.3390/foods9121780

Dinicolantonio, J.J., Bhat, A.G., Okeefe, J., 2020. Efeitos da spirulina na perda de peso e nos lípidos sanguíneos: Uma revisão. Open Heart. https://doi.org/10.1136/openhrt-2018-001003

Dioguardi, M., Alovisi, M., Crincoli, V., Aiuto, R., Malagnino, G., Quarta, C., Laneve, E., Sovereto, D., Russo, L. Lo, Troiano, G., Muzio, L. Lo, 2020. Prevalência do género propionibacterium em lesões endodônticas primárias e persistentes: Uma revisão sistemática. J Clin Med. https://doi.org/10.3390/jcm9030739

Donald, L., Pipite, A., Subramani, R., Owen, J., Keyzers, R.A., Taufa, T., 2022. Streptomyces: Ainda o Maior Produtor de Novos Metabólitos Secundários Naturais, uma Perspetiva Atual. Microbiol Res (Pavia). https://doi.org/10.3390/microbiolres13030031

Dos Santos, M.M.O., Gama, R.S., de Carvalho Tavares, I.M., Santos, P.H., Gonçalves, M.S., de Carvalho, M.S., de Barros Vilas Boas, E.V., de Oliveira, J.R., Mendes, A.A., Franco, M., 2021. Aplicação de lipase imobilizada num suporte hidrofóbico para a síntese de ésteres aromáticos. Biotechnol Appl Biochem 68. https://doi.org/10.1002/bab.1959

Driche EH, Badji B, Bijani C, Belghit S, Pont F, Mathieu F, Z.A., 2024. Propriedades antibacterianas e antibiofilme de dois dipeptídeos cíclicos produzidos por uma nova estirpe de Streptomyces sp. HG-17 do deserto contra bactérias patogénicas multirresistentes. Int Microbiol. https://doi.org/10.1007/s10123-024-00533-7

Driche, E., Badji, B., Mathieu, F., Zitouni, A., 2024. Actividades antibacterianas e antibiofilme in-vitro e análise in-silico de um potente péptido cíclico de uma nova estirpe RG-5 de Streptomyces sp. contra bactérias patogénicas resistentes a antibióticos e formadoras de biofilme 5503, 1-16. https://doi.org/10.1007/s00203-024-04174-2

Driche, E., Badji, B., Mathieu, F., Zitouni, A., 2024. Actividades antibacterianas e antibiofilme in-vitro e análise in-silico de um potente péptido cíclico de uma nova estirpe RG-5 de Streptomyces sp. contra bactérias patogénicas resistentes a antibióticos e formadoras de biofilme 5503, 1-16. https://doi.org/10.1007/s00203-024-04174-2

Dyshlyuk, L.S., Milentyeva, I.S., Asyakina, L.K., Ostroumov, L.A., Osintsev, A.M., Pozdnyakova, A. V., 2024. Usando cepas de bifidobacterium e propionibacterium em consórcios probióticos para normalizar o trato gastrointestinal. Revista Brasileira de Biologia 84. https://doi.org/10.1590/1519-6984.256945

Egorova, K., Antranikian, G., 2005. Industrial relevance of thermophilic Archaea. Curr Opin Microbiol 8, 649-655. https://doi.org/10.1016/j.mib.2005.10.015

Eichler, J., 2001. Biotechnological uses of archaeal extremozymes. Biotechnol Adv. https://doi.org/10.1016/S0734-9750(01)00061-1

El-Sayed, W.S., Ghanem, S., 2009. Alteração da estrutura da comunidade bacteriana induzida pela irradiação gama em solos contaminados com hidrocarbonetos e não contaminados, revelada por eletroforese em gel de gradiente de desnaturação pcr. Biotecnologia 8. https://doi.org/10.3923/biotech.2009.78.85

El, M., Bendaha, A., Meddah, B., Belaouni, H.A., Tirtouil, A., 2015a. Isolamento e produção de biossurfactantes por Pseudomonas aeruginosa S7PS5. Disponível online www.jocpr.com Journal of Chemical and Pharmaceutical Research 7, 413-422.

Ennahar, S., Cai, Y., 2005. Provas bioquímicas e genéticas para a transferência de Enterococcus solitarius Collins et al. 1989 para o género Tetragenococcus como Tetragenococcus solitarius comb. nov. Int J Syst Evol Microbiol 55. https://doi.org/10.1099/ijs.0.63205-0

Estevinho, L.M., Combarros-Fuertes, P., Paula, V.B., 2020. Avanços recentes em microbiologia aplicada: Editorial. Microorganismos 8. https://doi.org/10.3390/microorganisms8091364

Fahde, S., Boughribil, S., Sijilmassi, B., Amri, A., 2023. Rhizobia: uma fonte promissora de moléculas promotoras do crescimento de plantas e suas interações não leguminosas: Examinando aplicações e mecanismos. Agricultura (Suíça). https://doi.org/10.3390/agriculture13071279

Farid, M.A., El Diwany, A.I., El Enshasy, H.A., 1994. Produção de oxitetraciclina por células de Streptomyces rimosus imobilizadas em géis de alginato de cálcio. Ata Biotechnol 14. https://doi.org/10.1002/abio.370140316

Fazili, A.B.A., Shah, A.M., Zan, X., Naz, T., Nosheen, S., Nazir, Y., Ullah, S., Zhang, H., Song, Y., 2022. Mucor circinelloides: um organismo modelo para fungos oleaginosos e suas potenciais aplicações na produção de lipídios bioativos. Microb Cell Fact. https://doi.org/10.1186/s12934-022-01758-9

Ferreira, J.A., Lennartsson, P.R., Edebo, L., Taherzadeh, M.J., 2013. Biorrefinaria baseada em zigomicetos: Estado atual e perspectivas futuras. Bioresour Technol 135. https://doi.org/10.1016/j.biortech.2012.09.064

Firoozeh, F., Shahamat, Y.D., Rodríguez-Couto, S., Kouhsari, E., Niknejad, F., 2022. Biorremediação para a Descoloração de Corantes Têxteis por Cepas Bacterianas Isoladas de Águas Residuais de Tingimento. Jordan J Biol Sci 15. https://doi.org/10.54319/jjbs/150209

Galperin, Michael Y, 2013. Diversidade do genoma de Firmicutes formadores de esporos Sistemática bacteriana da coloração de Gram para 16S rRNA. Microbiol Spectr. 1.

Garcia Garcia, I., Gullo, M., 2013. Bactérias do ácido acético: caraterísticas e impacto nas bioaplicações. Acetic Acid Bact 2. https://doi.org/10.4081/aab.2013.s1.e1

García-Depraect, O., León-Becerril, E., 2023. Utilização de um Biocatalisador Altamente Especializado para Produzir Lactato ou Biohidrogénio e Butirato a partir de Recursos Agro-Industriais numa Fermentação Escura de Fase Dupla. Fermentação 9. https://doi.org/10.3390/fermentation9090787

Ghobad-Nejhad, M., Dima, B., Cui, B.K., Si, J., 2023. Editorial: Basidiomycete fungi: Da biossistemática e biodiversidade à biotecnologia. Front Microbiol. https://doi.org/10.3389/fmicb.2023.1128319

Ghosh, B., Ray, R.R., 2011. Perspetiva comercial atual de Rhizopus oryzae: A review. Journal of Applied Sciences 11. https://doi.org/10.3923/jas.2011.2470.2486

Gomes, R.J., Borges, M. de F., Rosa, M. de F., Castro-Gómez, R.J.H., Spinosa, W.A., 2018. Bactérias do ácido acético na indústria alimentar: Sistemática, caraterísticas e aplicações. Food Technol Biotechnol. https://doi.org/10.17113/ftb.56.02.18.5593

Goodfellow, M., 2012. Filo XXVI. Actinobacteria phyl. nov., em: Bergey's Manual® of Systematic Bacteriology. Springer New York, pp. 33-2028. https://doi.org/10.1007/978-0-387-68233-4_3

Grisales Díaz, V.H., Willis, M.J., 2019. Produção de etanol usando Zymomonas mobilis: Desenvolvimento de um modelo cinético que descreve a co-fermentação de glicose e xilose. Biomassa Bioenergia 123. https://doi.org/10.1016/j.biombioe.2019.02.004

Guiraud, P., Villemain, D., Kadri, M., Bordjiba, O., Steiman, R., 2003. Capacidade de biodegradação de Absidia fusca linnemann relativamente a poluentes ambientais. Chemosphere 52. https://doi.org/10.1016/S0045-6535(03)00229-7

Harirchi, S., Sar, T., Ramezani, M., Aliyu, H., Etemadifar, Z., Nojoumi, S.A., Yazdian, F., Awasthi, M.K., Taherzadeh, M.J., 2022. Bacillales: Da Taxonomia às Perspectivas Biotecnológicas e Industriais. Microorganismos. https://doi.org/10.3390/microorganisms10122355

Herrmann, L.W., Letti, L.A.J., Penha, R. de O., Soccol, V.T., Rodrigues, C., Soccol, C.R., 2024. Aplicações industriais e inovação do género Bacillus: Primeiros passos para uma bioeconomia circular. Biotechnol Adv. https://doi.org/10.1016/j.biotechadv.2023.108300

Hibbett, D.S., Binder, M., Bischoff, J.F., Blackwell, M., Cannon, P.F., et al. 2007. A higher-level phylogenetic classification of the Fungi. Mycol Res 111. https://doi.org/10.1016/j.mycres.2007.03.004

Hiscox, J., O'Leary, J., Boddy, L., 2018. Guerras de fungos: batalhas de basidiomicetos na decomposição da madeira. Stud Mycol 89. https://doi.org/10.1016/j.simyco.2018.02.003

Hobzova, R., Pradny, M., Zhunusbekova, N.M., Sirc, J., Guryca, V., Michalek, J., 2011. Suporte bioativo para cultivo celular e enxerto potencial. Parte 1: Modificação da superfície de hidrogéis de metacrilato de 2-hidroxietilo para imobilização de avidina. E-Polymers. https://doi.org/10.1515/epoly.2011.11.1.474

Hossain, T.J., 2024. Métodos de rastreio e avaliação da atividade antimicrobiana: A review of protocols, advantages, and limitations. Eur J Microbiol Immunol (Bp) 14. https://doi.org/10.1556/1886.2024.00035

Huang, W.K., Cui, J.K., Liu, S.M., Kong, L.A., Wu, Q.S., Peng, H., He, W.T., Sun, J.H., Peng, D.L., 2016. O teste de vários agentes de biocontrolo contra o nemátodo das galhas (Meloidogyne incognita) em plantas de pepino identifica uma combinação de Syncephalastrum racemosum e Paecilomyces lilacinus como sendo mais eficaz. Biological Control 92. https://doi.org/10.1016/j.biocontrol.2015.09.008

Hussain, S.A., Hameed, A., Khan, M.A.K., Zhang, Y., Zhang, H., Garre, V., Song, Y., 2019. Engenharia de sintases de ácidos graxos (FASs) para aumentar a produção de ácidos graxos de cadeia média (MCFAs) em Mucor circinelloides. Int J Mol Sci 20. https://doi.org/10.3390/ijms20030786

Jalil, N.K.A., Asli, U.A., Hashim, H., Hassim, M.H., Norazahar, N., Sadikin, A., 2024. Seleção de projeto de biorreator para produção de biohidrogênio usando sistema de cultura de células imobilizadas, em: Energia Verde e Tecnologia. https://doi.org/10.1007/978-3-031-52429-5_7

Javor, B., 2002a. Microbiologia industrial da produção de sal solar. J Ind Microbiol Biotechnol 28, 42-47. https://doi.org/10.1038/sj/jim/7000173

Javor, B., 2002b. Microbiologia industrial da produção de sal solar, em: Journal of Industrial Microbiology and Biotechnology. pp. 42–47. https://doi.org/10.1038/sj/jim/7000173

Jose, A.A., Hazeena, S.H., Lakshmi, N.M., B, A.K., Madhavan, A., Sirohi, R., Tarafdar, A., Sindhu, R., Awasthi, M.K., Pandey, A., Binod, P., 2022. Biopolímeros bacterianos: Da produção às aplicações em biomedicina. Sustain Chem Pharm 25. https://doi.org/10.1016/j.scp.2021.100582

Jurgens, G., 2002. Molecular phylogeny of Archaea in boreal forest soil, freshwater and temperate estuarine sediment, Department of Applied Chemistry and Microbiology.

Justé, A., Lievens, B., Rediers, H., Willems, K.A., 2014. O género Tetragenococcus, em: Wiley Blackwell 6. https://doi.org/10.1002/9781118655252.ch16

Kag, S., Kumar, P., Kataria, R., 2024. Hidrólise ácida da periderme de Solanum tuberosum para acumulação de polihidroxialcanoatos em Pseudomonas putida MTCC 2475. Front Bioeng Biotechnol 12. https://doi.org/10.3389/fbioe.2024.1343540

Kang, J.W., Khan, Z., Doty, S.L., 2012. Biodegradação de tricloroetileno por um endófito de choupo híbrido. Appl Environ Microbiol. https://doi.org/10.1128/AEM.06852-11

Kersters, K., De Vos, P., Gillis, M., Swings, J., Vandamme, P., Stackebrandt, E., 2006. Introduction to the Proteobacteria, em: The Prokaryotes. https://doi.org/10.1007/0-387-30745-1_1

Kersters, K., De Vos, P., Gillis, M., Swings, J., Vandamme, P., Stackebrandt, E., 2006.

Keshavarz, T., 2014. Fermentação (Industrial): Controlo das Condições de Fermentação, em: Enciclopédia de Microbiologia Alimentar: Second Edition. https://doi.org/10.1016/B978-0-12-384730-0.00108-7

Kim, J.Y., Lee, Kyoung, Kim, Y., Kim, C.K., Lee, K., 2003. Produção de corantes a partir de derivados de indol por naftaleno dioxigenase e tolueno dioxigenase. Lett Appl Microbiol 36. https://doi.org/10.1046/j.1472-765X.2003.01279.x

Komaki, H., 2023. Progresso recente da reclassificação do género Streptomyces. Microorganismos. https://doi.org/10.3390/microorganisms11040831

Komaki, H., Sakurai, K., Hosoyama, A., Kimura, A., Igarashi, Y., Tamura, T., 2018. Diversidade de clusters de genes de sintetase de peptídeos não ribossômicos e policetídeo sintetase entre cepas de Streptomyces taxonomicamente próximas. Sci Rep 8, 1-11. https://doi.org/10.1038/s41598-018-24921-y

Konuray, G., Erginkaya, Z., 2018. Uso potencial de Bacillus coagulans na indústria de alimentos. Foods. https://doi.org/10.3390/foods7060092

Kulikova, N.A., Klein, O.I., Stepanova, E. V., Koroleva, O. V., 2011. Utilização de basidiomicetos em tecnologias de processamento e utilização de resíduos industriais: Aspectos fundamentais e aplicados (revisão). Appl Biochem Microbiol. https://doi.org/10.1134/S000368381106007X

Kumar, A., Rao, K.M., Han, S.S., 2018. Aplicação da goma xantana como polissacarídeo na engenharia de tecidos: Uma revisão. Carbohydr Polym. https://doi.org/10.1016/j.carbpol.2017.10.009

Lagarda, G.G., 2006. Microbiologia industrial. Rev Latinoam Microbiol (1958) 48, 91. https://doi.org/10.1126/science.6946560

Lee, J., Lee, S.Y., Park, S., Middelberg, A.P.J., 1999. Controlo de fermentações em lotes alimentados. Biotechnol Adv 17. https://doi.org/10.1016/S0734-9750(98)00015-9

Lee, S.Y., Park, J.H., Jang, S.H., Nielsen, L.K., Kim, J., Jung, K.S., 2008. Produção fermentativa de butanol por clostridia. Biotechnol Bioeng. https://doi.org/10.1002/bit.22003

Lishan, T., Alemu, W., Wondimu, W., Mekonnen, G., 2022. Efeitos do biofertilizante e do espaçamento entre fileiras no rendimento e nos componentes do rendimento do feijão faba (Vicia faba L.) no sudoeste da Etiópia. Tropical Agriculture 99.

Littlechild, J.A., 2015. Enzimas Arqueais e Aplicações em Biocatalisadores Industriais. Archaea. https://doi.org/10.1155/2015/147671

Liu, X., 2020. Tecnologia microbiana para o desenvolvimento sustentável da energia e do ambiente. Biotechnology Reports. https://doi.org/10.1016/j.btre.2020.e00486

Liu, Z., Li, Y., 2022. Classificação de fungos em vários estágios de crescimento usando espetroscopia de infravermelho de ondas curtas (SWIR) e aprendizado de máquina. Journal of Fungi 8. https://doi.org/10.3390/jof8090978

Liyanapathiranage, P., Wagner, N., Avram, O., Pupko, T., Potnis, N., 2022. Distribuição Filogenética e Evolução do Sistema de Secreção Tipo VI no Género Xanthomonas. Front Microbiol 13. https://doi.org/10.3389/fmicb.2022.840308

López, P., Spano, G., 2023. Editorial: Industrial and health applications of lactic acid bacteria and their metabolites, volume II. Front Microbiol. https://doi.org/10.3389/fmicb.2023.1242253

Malik, A.D., Furtado, I.J., 2018. clarificação de águas salinas de corantes têxteis usando sistema de biorreator sequencial aeróbio haloarqueal. online) ijpbs | 8.

Manivasagan, P., Kang, K.H., Sivakumar, K., Li-Chan, E.C.Y., Oh, H.M., Kim, S.K., 2014a. Actinobactérias marinhas: Uma importante fonte de produtos naturais bioactivos. Environ Toxicol Pharmacol. https://doi.org/10.1016/j.etap.2014.05.014

Manivasagan, P., Kang, K.H., Sivakumar, K., Li-Chan, E.C.Y., Oh, H.M., Kim, S.K., 2014b. Actinobactérias marinhas: Uma importante fonte de produtos naturais bioactivos. Environ Toxicol Pharmacol 38, 172-188. https://doi.org/10.1016/j.etap.2014.05.014

Manivasagan, P., Venkatesan, J., Sivakumar, K., Kim, S.K., 2013. Metabolitos de actinobactérias marinhas: Estado atual e perspectivas futuras. Microbiol Res 168, 311-332. https://doi.org/10.1016/j.micres.2013.02.002

Mao, H., Li, G., Leng, K., Sun, L., Liu, K., Lin, Y., Liu, J., Xiang, X., 2024. Efeitos dos principais taxa microbianos do solo na utilização da fonte de carbono do solo sob diferentes tratamentos de fertilização a longo prazo em Ultisol. Soil Ecology Letters 6. https://doi.org/10.1007/s42832-024-0241-7

Marcobal, A.M., Sela, D.A., Wolf, Y.I., Makarova, K.S., Mills, D.A., 2008. Papel da hipermutabilidade na evolução do género Oenococcus. J Bacteriol 190. https://doi.org/10.1128/JB.01457-07

Mauro, D.S.- G.J.- L., Les, n.d. Les Actinomycètes, source de biomolécules d'intérêt industriel 1.

Mears, L., Stocks, S.M., Sin, G., Gernaey, K. V., 2017. Uma revisão das estratégias de controlo para manipular a taxa de alimentação em processos de fermentação em lote alimentado. J Biotechnol. https://doi.org/10.1016/j.jbiotec.2017.01.008

Meena, M., Yadav, G., Sonigra, P., Shah, M.P., 2022. Uma revisão abrangente sobre a aplicação de biorreactores para o tratamento de águas residuais industriais. Lett Appl Microbiol. https://doi.org/10.1111/lam.13557

Melnichuk, N., Braia, M.J., Anselmi, P.A., Meini, M.R., Romanini, D., 2020. Valorização de dois resíduos agroindustriais para produção da enzima alfa-amilase de Aspergillus oryzae por fermentação em estado sólido. Gestão de Resíduos 106. https://doi.org/10.1016/j.wasman.2020.03.025

Méndez-Vilas, A., Conferência Internacional sobre Meio Ambiente, I. e A.M. (3º : 2009 : L., 2011. Microorganismos na indústria e no ambiente: da investigação científica e industrial aos produtos de consumo: actas da III Conferência Internacional de Microbiologia Ambiental, Industrial e Aplicada (BioMicroWorld2009), Lisboa, Portugal, 2-4 de dezembro de 2009. World Scientific.

Meussen, B.J., De Graaff, L.H., Sanders, J.P.M., Weusthuis, R.A., 2012. Engenharia metabólica de Rhizopus oryzae para a produção de produtos químicos de plataforma. Appl Microbiol Biotechnol. https://doi.org/10.1007/s00253-012-4033-0

Microbiologie, S., Et, A., El-amine, B.M., 2017. Isolement , caractérisation et exploitation des métabolites microbiens en bioremédiation de l ' environnement.

Moyo, S., Makhanya, B.P., Zwane, P.E., 2022. Utilização de isolados bacterianos no tratamento de águas residuais de corantes têxteis: Uma revisão. Heliyon. https://doi.org/10.1016/j.heliyon.2022.e09632

Naing, M.W., Williams, D.J., 2011. Cultura tridimensional e bioreactores para terapias celulares. Cytotherapy 13, 391-399. https://doi.org/10.3109/14653249.2011.556352

Narancic, T., Djokic, L., Kenny, S.T., O'Connor, K.E., Radulovic, V., Nikodinovic-Runic, J., Vasiljevic, B., 2012. Versatilidade metabólica de microbianos Gram-positivos isolados de sedimentos de rios contaminados. J Hazard Mater 215-216. https://doi.org/10.1016/j.jhazmat.2012.02.059

Naranjo, H.D., Lebbe, L., Cnockaert, M., Lassalle, F., Too, C.C., Willems, A., 2023. A filogenômica revela insights sobre a evolução funcional do gênero Agrobacterium e permite a descrição de Agrobacterium divergens sp. nov. Syst Appl Microbiol 46. https://doi.org/10.1016/j.syapm.2023.126420

Ngalimat, M.S., Yahaya, R.S.R., Baharudin, M.M.A.A., Yaminudin, S.M., Karim, M., Ahmad, S.A., Sabri, S., 2021. Uma revisão sobre as aplicações biotecnológicas do grupo operacional bacillus amyloliquefaciens. Microorganismos. https://doi.org/10.3390/microorganisms9030614

Nuñez, A.M.P., Rodríguez, G.A.A., Monteiro, F.P., Faria, A.F., Silva, J.C.P., Monteiro, A.C.A., Carvalho, C. V., Gomes, L.A.A., Souza, R.M., De Souza, J.T., Medeiros, F.H.V., 2018. Produtos de base biológica controlam a podridão negra (Xanthomonas campestris pv. campestris) e aumentam os componentes nutracêuticos e antioxidantes em couve. Sci Rep 8. https://doi.org/10.1038/s41598-018-28086-6

O'Callaghan, A., van Sinderen, D., 2016. Bifidobactérias e seu papel como membros da microbiota intestinal humana. Front Microbiol. https://doi.org/10.3389/fmicb.2016.00925

Ogier, J.C., Casalta, E., Farrokh, C., Saïhi, A., 2008. Avaliação da segurança dos microrganismos do sector leiteiro: O género Leuconostoc. Int J Food Microbiol 126. https://doi.org/10.1016/j.ijfoodmicro.2007.08.012

Okoye, C.O., Wang, Y., Gao, L., Wu, Y., Li, X., Sun, J., Jiang, J., 2023. O desempenho das bactérias do ácido lático na produção de silagem: Uma revisão da biotecnologia moderna para a melhoria da silagem. Microbiol Res. https://doi.org/10.1016/j.micres.2022.127212

Ortiz-Castillo, J.E., Mirazimi, M., Mohammadi, M., Dy, E., Liu, W., 2021. O papel dos microrganismos na formação, dissolução e transformação de minerais secundários em rochas de minas e drenagem: Uma revisão. Minerals. https://doi.org/10.3390/min11121349

Osadebe, A.U., Chukwu, C.B., 2023. Propriedades de degradação de Rhizobium petrolearium em diferentes concentrações de petróleo bruto e seus combustíveis derivados. Environmental and Experimental Biology 21. https://doi.org/10.22364/eeb.21.10

Paul, S., Dutta, A., 2018. Desafios e oportunidades da biomassa lignocelulósica para a digestão anaeróbia. Resour Conserv Recycl. https://doi.org/10.1016/j.resconrec.2017.12.005

Pecorari, F., Arcus, V.L., Wiegel, J., 2015a. Usos biotecnológicos de proteínas de arqueas. Archaea. https://doi.org/10.1155/2015/809758

Pecorari, F., Arcus, V.L., Wiegel, J., 2015b. Usos biotecnológicos de proteínas de arqueas. Archaea 2015, 261-278. https://doi.org/10.1155/2015/809758

Perera, R.M.T.D., Herath, K.H.I.N.M., Sanjeewa, K.K.A., Jayawardena, T.U., 2023. Relatórios recentes sobre compostos bioativos de cianobactérias marinhas em relação às aplicações de saúde humana. Life. https://doi.org/10.3390/life13061411

Peter, S.B., Qiao, Z., Godspower, H.N., Omedi, J.O., Zhang, X., Xu, M., Rao, Z., 2023. Potencial antioxidante e biotecnológico de Pediococcus pentosaceus RZ01 e Lacticaseibacillus paracasei RZ02 num substrato fermentado à base de painço. Sistemas Microbiologia e Biomanufatura 3. https://doi.org/10.1007/s43393-022-00126-3

Piwowarek, K., Lipińska, E., Hać-Szymańczuk, E., Kieliszek, M., Ścibisz, I., 2018. Propionibacterium spp. - fonte de ácido propiónico, vitamina B12 e outros metabolitos importantes para a indústria. Appl Microbiol Biotechnol. https://doi.org/10.1007/s00253-017-8616-7

Poblete-Castro, I., Wittmann, C., Nikel, P.I., 2020. Bioquímica, genética e biotecnologia da utilização de glicerol em espécies de Pseudomonas. Microb Biotechnol. https://doi.org/10.1111/1751-7915.13400

Pontrelli, S., Chiu, T.Y., Lan, E.I., Chen, F.Y.H., Chang, P., Liao, J.C., 2018. Escherichia coli como um hospedeiro para engenharia metabólica. Metab Eng. https://doi.org/10.1016/j.ymben.2018.04.008

Prangishvili, D., Holz, I., Stieger, E., Nickell, S., Kristjansson, J.K., Zillig, W., 2000. Sulfolobicinas, toxinas proteicas específicas produzidas por estirpes do género arqueal extremamente termofílico Sulfolobus. J Bacteriol 182. https://doi.org/10.1128/JB.182.10.2985-2988.2000

Qian, J., Wang, Yuzhou, Hu, Z., Shi, T., Wang, Yuetong, Ye, C., Huang, H., 2023. Bacillus sp. como uma fábrica de células microbianas: Avanços e perspectivas futuras. Biotechnol Adv. https://doi.org/10.1016/j.biotechadv.2023.108278

Qiu, X., Zhang, Y., Hong, H., 2021. Classificação das bactérias do ácido acético e seu mecanismo de resistência ao ácido. AMB Express. https://doi.org/10.1186/s13568-021-01189-6

Ranjani, A., Dhanasekaran, D., Gopinath, P.M., 2016. Uma introdução às Actinobactérias, em: Actinobactérias - Fundamentos e Aplicações Biotecnológicas. InTech. https://doi.org/10.5772/62329

Raspor, P., Goranovič, D., 2008. Revisões Críticas em Biotecnologia Aplicações Biotecnológicas de Bactérias do Ácido Acético Aplicações Biotecnológicas de Bactérias do Ácido Acético. Crit Rev Biotechnol 28.

Ray, R.C., Paramithiotis, S., de Carvalho Azevedo, V.A., Montet, D., 2022. Bactérias do ácido lático na biotecnologia alimentar: Inovações e Aspectos Funcionais, Lactic Acid Bacteria in Food Biotechnology: Inovações e Aspectos Funcionais. https://doi.org/10.1016/C2020-0-03425-0

Rekadwad, B., Khobragade, C., 2017. Fungi imperfecti laccase: Potencial biotecnológico e perspectivas, em: Microbial Applications. https://doi.org/10.1007/978-3-319-52669-0_11

Richards, V.P., Palmer, S.R., Bitar, P.D.P., Qin, X., Weinstock, G.M., Highlander, S.K., Town, C.D., Burne, R.A., Stanhope, M.J., 2014. Filogenómica e a evolução dinâmica do genoma do género streptococcus. Genome Biol Evol 6. https://doi.org/10.1093/gbe/evu048

Romagnolo, A., Spina, F., Poli, A., Risso, S., Serito, B., Crotti, M., Monti, D., Brenna, E., Lanfranco, L., Varese, G.C., 2017. Homólogos da enzima amarela antiga em Mucor circinelloides: Perfil de expressão e biotransformação. Sci Rep 7. https://doi.org/10.1038/s41598-017-12545-7

Rousu, J., Aarts, R., 2001. Uma abordagem integrada para a conceção de receitas de bioprocessos. Integr Comput Aided Eng 8. https://doi.org/10.3233/ica-2001-8407

Sánchez, Ó.J., Barragán, P.J., Serna, L., 2019. Revisão de Lactobacillus na indústria de alimentos e seus meios de cultura. Rev Colomb Biotecnol 21. https://doi.org/10.15446/rev.colomb.biote.v21n2.81576

Saturio, S., Nogacka, A.M., Alvarado-jasso, G.M., Salazar, N., de los Reyes-Gavilán, C.G., Gueimonde, M., Arboleya, S., 2021. Papel das bifidobactérias na saúde infantil. Microorganismos. https://doi.org/10.3390/microorganisms9122415

Saturio, S., Nogacka, A.M., Alvarado-jasso, G.M., Salazar, N., de los Reyes-Gavilán, C.G., Gueimonde, M., Arboleya, S., 2021. Papel das bifidobactérias na saúde infantil. Microorganismos. https://doi.org/10.3390/microorganisms9122415

Shukla, K.P., Sharma, S., Singh, N.K., Singh, V., 2012. Decifrando o sistema de solo da rizosfera para cepas com caraterísticas de promoção do crescimento de plantas e biorremediação. Agricultural Research 1. https://doi.org/10.1007/s40003-012-0028-4

Singh, P., Parma, N., 2011. Isolamento e caraterização de duas novas bactérias produtoras de polihidroxibutirato (PHB). Afr J Biotechnol 10.

Sivanandhan, S., Khusro, A., Paulraj, M.G., Ignacimuthu, S., Al-Dhabi, N.A., 2017. Propriedades de biocontrolo dos basidiomicetos: Uma visão geral. Journal of Fungi. https://doi.org/10.3390/jof3010002

Soni, A., Oey, I., Silcock, P., Bremer, P., 2016. Esporos de Bacillus na Indústria Alimentar: Uma revisão sobre a resistência e a resposta a novas tecnologias de inativação. Compr Rev Food Sci Food Saf 15. https://doi.org/10.1111/1541-4337.12231

Spribille, T., Tuovinen, V., Resl, P., Vanderpool, D., Wolinski, H., Aime, M.C., Schneider, K., Stabentheiner, E., Toome-Heller, M., Thor, G., Mayrhofer, H., Johannesson, H., McCutcheon, J.P., 2016. Leveduras de Basidiomycete no córtex de macrolichens ascomicetos. Science (1979) 353. https://doi.org/10.1126/science.aaf8287

Stanbury, P.F., Whitaker, A., Hall, S.J., 2017. Capítulo 7 - Projeto de um fermentador. Princípios da Tecnologia de Fermentação.

Stiles, M.E., Holzapfel, W.H., 1997. Bactérias do ácido lático dos alimentos e sua taxonomia atual. Int J Food Microbiol. https://doi.org/10.1016/S0168-1605(96)01233-0

Bioinformática 10. https://doi.org/10.4137/EBo.s13748

Stoyanov, P., Moten, D., Mladenov, R., Dzhambazov, B., Teneva, I., 2014. Relações filogenéticas de algumas espécies cianoprocarióticas filamentosas. Evolutionary Bioinformatics 10. https://doi.org/10.4137/EBo.s13748

Stuivenberg, G.A., Burton, J.P., Bron, P.A., Reid, G., 2022. Porque é que as Bifidobactérias são importantes para os bebés? Microorganisms. https://doi.org/10.3390/microorganisms10020278

Sun, Y., Fu, J., Liu, Y., Zhang, W., Li, C., Zabed, H.M., Zhao, M., Liu, W., Huo, S., Zhang, C., Qi, X., 2023. Impacto do tamanho de partícula do transportador celular na fermentação de caproato em um sistema imobilizado por células: Focando na melhoria do caproato produção nos modos de operação em lote e contínuo. Chemical Engineering Journal 465. https://doi.org/10.1016/j.cej.2023.142792

Sutton, B.C., 2014. Fungi: Classificação dos Deuteromycetes, em: Enciclopédia de Microbiologia Alimentar: Second Edition. https://doi.org/10.1016/B978-0-12-384730-0.00140-3

Thomas, L., Larroche, C., Pandey, A., 2013. Desenvolvimentos actuais na fermentação em estado sólido. Biochem Eng J. https://doi.org/10.1016/j.bej.2013.10.013

Tiwari, H., Sonwani, R.K., Singh, R.S., 2023. Biorremediação de corantes: uma breve revisão do desempenho do biorreator. Environmental Technology Reviews. https://doi.org/10.1080/21622515.2023.2184276

Tiwari, H., Sonwani, R.K., Singh, R.S., 2023. Biorremediação de corantes: uma breve revisão de

Tripathi, V., Gaur, V.K., Kaur, I., Srivastava, P.K., Manickam, N., 2024. Desbloquear o potencial de biorremediação para a recuperação de sítios: A comprehensive approach for crude oil degradation in agricultural soil and phytotoxicity assessment. J Environ Manage 355. https://doi.org/10.1016/j.jenvman.2024.120508

Upadhyay, P., Shrivastava, R., Agrawal, P.K., 2016. Bioprospecção e aplicações biotecnológicas da lacase fúngica. 3 Biotech. https://doi.org/10.1007/s13205-015-0316-3

Vadivelan, G., Rao, P.P., Venkateswaran, G., 2017. Influência da Suplementação de Misturas de Óleos Vegetais na Produção de Ácidos Gordos Ómega-3 em Mortierella alpina CFR-GV15. Biomed Res Int 2017. https://doi.org/10.1155/2017/1432970

Vandamme, E.J., 2010. Microbiologia industrial. Curr Opin Microbiol 13, 253-254. https://doi.org/10.1016/j.mib.2010.03.004

Verma, P., 2022. Industrial Microbiology and Biotechnology, Microbiologia Industrial e Biotecnologia. Springer Nature. https://doi.org/10.1007/978-981-16-5214-1

von Wright, A., 2019. Género Lactococcus, em: Bactérias do Ácido Láctico: Aspectos Microbiológicos e Funcionais. https://doi.org/10.1201/9780429057465-3

Walker, L., Lagunas, B., Gifford, M.L., 2020. Determinantes da especificidade da gama de hospedeiros na simbiose Legume-Rhizobia. Front Microbiol. https://doi.org/10.3389/fmicb.2020.585749

Wan Mohtar, W.H.M., Wan-Mohtar, W.A.A.Q.I., Zahuri, A.A., Ibrahim, M.F., Show, P.L., Ilham, Z., Jamaludin, A.A., Abdul Patah, M.F., Ahmad Usuldin, S.R., Rowan, N., 2022. Papel dos fungos ascomicetos e basidiomicetos no cumprimento de oportunidades de sustentabilidade estabelecidas e emergentes: uma revisão. Bioengineered. https://doi.org/10.1080/21655979.2023.2184785

Wang, J., Yin, Y., 2021. Espécies de Clostridium para a produção fermentativa de hidrogénio: Uma visão geral. Int J Hydrogen Energy. https://doi.org/10.1016/j.ijhydene.2021.08.052

Wang, Yaqi, Wu, J., Lv, M., Shao, Z., Hungwe, M., Wang, J., Bai, X., Xie, J., Wang, Yanping, Geng, W., 2021. Caraterísticas do Metabolismo das Bactérias do Ácido Láctico e a Expansão das Aplicações na Indústria Alimentar. Front Bioeng Biotechnol. https://doi.org/10.3389/fbioe.2021.612285

White, M.M., James, T.Y., O'Donnell, K., Cafaro, M.J., Tanabe, Y., Sugiyama, J., 2006. Phylogeny of the Zygomycota based on nuclear ribosomal sequence data. Mycologia 98. https://doi.org/10.3852/mycologia.98.6.872

Willaert, R., 2011a. Imobilização celular e suas aplicações em biotecnologia. Microbiologia das Fermentações e Biotecnologia, Terceira Edição 313-367. https://doi.org/10.1201/b11490-13

Wu, J., Yang, X., Duan, Y., Wang, P., Qi, J., Gao, J.M., Liu, C., 2022. Biossíntese de sesquiterpenos em Basidiomycetes: Uma revisão. Journal of Fungi. https://doi.org/10.3390/jof8090913

Xia, J., Wang, G., Fan, M., Chen, M., Wang, Z., Zhuang, Y., 2021. Compreender o aumento de escala dos processos de fermentação do ponto de vista do campo de fluxo em biorreatores e a resposta fisiológica das cepas. Chin J Chem Eng. https://doi.org/10.1016/j.cjche.2020.12.004

Xie, F., Pathom-aree, W., 2021. Actinobactérias do deserto: Diversidade e aplicações biotecnológicas. Front Microbiol. https://doi.org/10.3389/fmicb.2021.765531

Xu, L., Li, D., Wang, Q., Wu, S., 2016. Melhoria da produção de hidrogénio e biomassa através do co-cultivo de Chlamydomonas reinhardtii e Bradyrhizobium japonicum. Int J Hydrogen Energy 41. https://doi.org/10.1016/j.ijhydene.2016.04.009

Xu, P., Gu, Q., Wang, W., Wong, L., Bower, A.G.W., Collins, C.H., Koffas, M.A.G., 2013. Otimização modular de vias multigénicas para a produção de ácidos gordos em E. coli. Nat Commun 4. https://doi.org/10.1038/ncomms2425

Yadav, K.K., Shrivastava, N., Solanki, A.C., Upadhyay, S., Trivedi, M., 2020. Intervenções de actinobactérias na aptidão da planta e do ambiente, em: Microbiomas e saúde vegetal: Panoply and Their Applications. https://doi.org/10.1016/B978-0-12-819715-8.00014-8

Yang, D., Prabowo, C.P.S., Eun, H., Park, S.Y., Cho, I.J., Jiao, S., Lee, S.Y., 2021. Escherichia coli como um hospedeiro microbiano de plataforma para engenharia metabólica de sistemas. Ensaios Biochem. https://doi.org/10.1042/EBC20200172

Yang, S.T., 2007. Bioprocessing for Value-Added Products from Renewable Resources, Bioprocessing for Value-Added Products from Renewable Resources. https://doi.org/10.1016/B978-0-444-52114-9.X5000-2

Yang, Y., Kameda, T., Aoki, H., Nirmagustina, D.E., Iwamoto, A., Kato, N., Yanaka, N., Okazaki, Y., Kumrungsee, T., 2018. Os efeitos do tempe fermentado com Rhizopus microsporus, Rhizopus oryzae ou Rhizopus stolonifer no ambiente luminal do cólon em ratos. J Funct Foods 49. https://doi.org/10.1016/j.jff.2018.08.017

Yang, Y., Sha, M., 2019. Um Guia para Iniciantes em Modos de Bioprocessos - Lote, Lote Alimentado e Fermentação Contínua. Eppendorf 408.

Yuan Wang, Matthew Brannock, G.L., 2009. Bioreactores de membrana: visão geral dos efeitos do módulo. Ásia-Pac.J.Chem.Eng 4.

Zafar, A., Aftab, M.N., Asif, A., Karadag, A., Peng, L., Celebioglu, H.U., Afzal, M.S., Hamid, A., Iqbal, I., 2021. Correção: Sacarificação eficiente de biomassa usando uma nova celobiohidrolase de Clostridium clariflavum para utilização na indústria de biocombustíveis . RSC Adv 11. https://doi.org/10.1039/d1ra90090k

MIX
Papier aus verantwortungsvollen Quellen
Paper from responsible sources
FSC® C105338

Printed by Books on Demand GmbH, Norderstedt / Germany